站在巨人的肩上
Standing on Shoulders of Giants

iTuring.cn

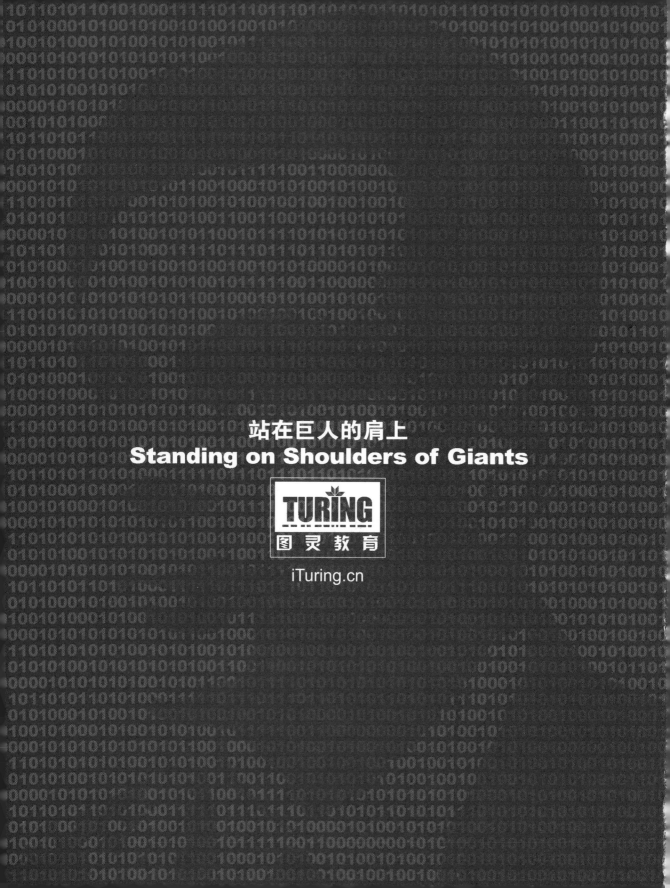

站在巨人的肩上
Standing on Shoulders of Giants

iTuring.cn

图灵程序
设计丛书

详解深度学习

基于TensorFlow和Keras学习RNN

[日] 巢笼悠辅 / 著 郑明智 / 译

人民邮电出版社
北　京

图书在版编目（CIP）数据

详解深度学习：基于TensorFlow和Keras学习RNN /
（日）巢笼悠辅著；郑明智译. -- 北京：人民邮电出版
社，2019.11
（图灵程序设计丛书）
ISBN 978-7-115-51996-2

Ⅰ. ①详… Ⅱ. ①巢… ②郑… Ⅲ. ①人工智能－算
法 Ⅳ. ①TP18

中国版本图书馆CIP数据核字(2019)第193618号

内容提要

本书着眼于处理时间序列数据的深度学习算法，通过基于 Python 语言的库 TensorFlow 和 Keras 来学习神经网络、深度学习的理论和实现。全书共六章，前两章讲解了学习神经网络所需的数学知识和 Python 基础知识；中间两章讲解了神经网络的基本算法以及深度学习的基础知识和应用；最后两章详细介绍了专门用于处理时间序列数据的循环神经网络（RNN）。

本书内容通俗易懂，图片、公式、代码和正文讲解相得益彰，同时注重具体实现。即便是没有深度学习和神经网络基础知识的读者也可轻松阅读。本书适合对深度学习和循环神经网络感兴趣的读者阅读。

◆ 著　　　　　[日] 巢笼悠辅
　　译　　　　　郑明智
　　责任编辑　　高宇涵
　　责任印制　　周昇亮
◆ 人民邮电出版社出版发行　　北京市丰台区成寿寺路 11 号
　　邮编　100164　　电子邮件　315@ptpress.com.cn
　　网址　http://www.ptpress.com.cn
　　涿州市京南印刷厂印刷
◆ 开本：800×1000　1/16
　　印张：19.25
　　字数：396千字　　　　　　　　2019年11月第 1 版
　　印数：1-4 000册　　　　　　　2019年11月河北第 1 次印刷
　　　　著作权合同登记号　图字：01-2018-3270号

定价：79.00元
读者服务热线：(010)51095183转600　印装质量热线：(010)81055316
反盗版热线：(010)81055315
广告经营许可证：京东工商广登字 20170147 号

版 权 声 明

前言

随着深度学习的知名度的提高，针对它的研究和它在商业上的应用也越来越多。大家有没有觉得"人工智能"这个词几乎每天都会出现在报纸和电视上呢？实际上，与 2012 年刚成为话题时相比，"深度学习"已不再那么遥远和深奥。如今，轻松实现神经网络（深度学习模型）的库被接二连三地开发出来并且开源，个人也能够尝试简单地实现深度学习了。

但是，对于深度学习，我们依然会听到下面这样的声音。

- 虽然感兴趣，但是公式和理论看上去很难，让人敬而远之
- 库太多，不知道从何开始
- 虽然稍微接触过一些库，但是并不了解其内部发生了什么

因此，为了让不具备相关基础知识的读者也能学习下去，本书将从零开始，详细地讲解深度学习、神经网络的理论和实现。本书使用的编程语言是 Python（3.x 版本）——Python 可以说是在深度学习实现上最热门的语言了，使用的深度学习库则是 TensorFlow（1.0 版本）和 Keras（2.0 版本），二者都是目前十分受欢迎的库。

另外，本书还有一个特点，那就是重点介绍了处理时间序列数据的深度学习算法。深度学习非常适用于图像识别，它成名的一个契机就是图像识别竞赛 ILSVRC，很多著名的研究或应用的成果也都出现在图像识别领域。不过，深度学习的研究在图像识别以外的领域也很活跃，特别是在以自然语言处理为代表的时间序列数据分析上也取得了很大的进展。针对处理时间序列数据的模型，本书也进行了详细的讲解，从基础知识到实际应用，从理论到实现。相信本书会对以下读者有所帮助。

- 稍微知道一点深度学习的知识，想要进一步加深理解的读者
- 除了图像识别，还想学习时间序列数据分析模型的读者

本书结构

本书共有 6 章。**第 1 章**简单地复习一下学习神经网络理论时所需的数学知识。**第 2 章**介绍实现深度学习时要用到的 Python 开发环境的安装，以及 Python 库的简单用法。

从**第 3 章**开始，我们就要进入神经网络的学习了。**第 3 章**介绍神经网络的基本形式。**第 4 章**介绍深度神经网络，也就是深度学习。在这一章中，我们将结合具体实现来理解深度神经网络与普通的神经网络有何不同、用到了什么技术等。**第 5 章**和**第 6 章**详细地介绍用于处理时间序列数据的模型——循环神经网络。其中**第 5 章**会以简单的数据为例，介绍循环神经网络基本形式的理论和实现，而**第 6 章**将介绍一些循环神经网络的应用事例。

目录

要想理解神经网络的算法，我们必须具备一定程度的数学知识。具体来说包括两种数学知识：一种是**偏微分**，另一种是**线性代数**。不过大家完全不用紧张，因为不管哪一种，都不需要掌握特别难的知识，只要记住基本公式就可以了。而且，只要掌握了这两种知识，不管遇到多么复杂的算法，都可以逐一击破、深刻理解。

所以在这一章，我们为学习神经网络做个准备，先来学习偏微分和线性代数的基础知识。已经掌握了这部分数学知识的读者可以跳过这一章，直接进入第 2 章。

1.1　偏微分

1.1.1　导函数和偏导函数

一般来说，提到"微分"，大家脑海中就会浮现 y' 和 $f'(x)$。这当然并没有错，不过要想更加严谨地描述，比如对函数 $y = f(x)$ 进行微分时，我们就可以用下面这样的式子来进行计算。

$$f'(x) = \lim_{\Delta x \to 0} \frac{f(x + \Delta x) - f(x)}{\Delta x} \tag{1.1}$$

这里的 $f'(x)$ 就称为 $y = f(x)$ 的**导函数**或者**微分**[1]。除了 $f'(x)$ 之外，它还可以用下面这样的写法表示。

$$\frac{\mathrm{d}y}{\mathrm{d}x}, \frac{\mathrm{d}}{\mathrm{d}x}f(x) \tag{1.2}$$

进行这种微分时，很重要的一点就是函数 $y = f(x)$ 只有 x 这一个变量。

而偏微分指的是对多元函数，也就是对有两个以上变量的函数中的某一个变量进行微分[2]。我们先来看一个简单的例子。有由两个变量 x 和 y 组成的函数 $z = f(x, y) = x^2 + 3y + 1$，分别对 x、y 计算偏微分的式子如下所示。

$$\frac{\partial z}{\partial x} = 2x \tag{1.3}$$

$$\frac{\partial z}{\partial y} = 3 \tag{1.4}$$

从这两个式子中可以看出，偏微分使用的符号不是 d，而是 ∂。此外，偏微分还有 f_x、f_y 等写法。

当然，偏微分也有定义式。对比式 (1.1)，在二元函数 $z = f(x, y)$ 的情况下，各变量的偏微分可用以下式子表示。

$$\frac{\partial z}{\partial x} = \lim_{\Delta x \to 0} \frac{f(x + \Delta x, y) - f(x, y)}{\Delta x} \tag{1.5}$$

$$\frac{\partial z}{\partial y} = \lim_{\Delta y \to 0} \frac{f(x, y + \Delta y) - f(x, y)}{\Delta y} \tag{1.6}$$

把刚才举的例子套进这两个定义式里，就可以得出以下结果。

$$\begin{aligned}
\frac{\partial z}{\partial x} &= \lim_{\Delta x \to 0} \frac{(x + \Delta x)^2 + 3y + 1 - (x^2 + 3y + 1)}{\Delta x} \\
&= \lim_{\Delta x \to 0} \frac{2x\Delta x + \Delta x^2}{\Delta x} \\
&= 2x
\end{aligned} \tag{1.7}$$

---

[1] 求导函数或者微分的操作也称作"微分"。为了避免混乱，本书只使用"导函数"这个说法，提到"微分"时指的是其第二种含义，也就是求导函数的操作。

[2] 与偏微分相对应，对于只有一个变量的函数，用 $\frac{\mathrm{d}}{\mathrm{d}x}f(x)$ 表示的微分也称为**常微分**。

$$\begin{aligned}
\frac{\partial z}{\partial y} &= \lim_{\Delta y \to 0} \frac{x^2 + 3(y + \Delta y) + 1 - (x^2 + 3y + 1)}{\Delta y} \\
&= \lim_{\Delta y \to 0} \frac{3\Delta y}{\Delta y} \\
&= 3
\end{aligned} \tag{1.8}$$

可以看出，它们和式 (1.3)、式 (1.4) 一致。

变量不只两个而是更多又会如何呢？我们把偏微分的定义式扩展到一般情况。对于拥有 n 个变量 $x_i(i = 1, \cdots, n)$ 的多元函数 $u = f(x_1, \cdots, x_i, \cdots, x_n)$，变量 x_1 的偏微分如下所示。

$$\frac{\partial u}{\partial x_i} = \lim_{\Delta x_i \to 0} \frac{f(x_1, \cdots, x_i + \Delta x_i, \cdots, x_n) - f(x_1, \cdots, x_i, \cdots, x_n)}{\Delta x_i} \tag{1.9}$$

与导函数相对应，它被称为偏导函数。扩展到一般情况后，式子看起来复杂了一些，但实际操作与两个变量时没有区别，都是仅对其中一个变量进行微分而已。

1.1.2　微分系数与偏微分系数

前面已经讲了微分和偏微分的定义式，不过提到微分，或许也有很多人会联想到"切线的斜率"。确实如此，例如函数 $y = f(x)$ 在 $x = a$ 时的切线的斜率，就与 $f'(a)$ 一致。那么，为什么 $f'(a)$ 是切线的斜率呢？为了便于理解，我们结合式 (1.1) 来思考一下。将 $x = a$ 代入式 (1.1) 后，结果如下所示 [3]。

$$f'(a) = \lim_{\Delta x \to 0} \frac{f(a + \Delta x) - f(a)}{\Delta x} \tag{1.10}$$

不过，如图 1.1 所示，当 Δx 比 0 大到一定程度时，$f'(a)$ 并不是切线的斜率，而只是 $(a, f(a))$ 和 $(a + \Delta x, f(a + \Delta x))$ 两点间变化的比例。

如图 1.2 所示，让 Δx 无限趋近于 0，那么 $(a + \Delta x, f(a + \Delta x))$ 就会无限趋近于 $(a, f(a))$，最终 $f'(a)$ 与切线的斜率就一致了。这样求得的 $f'(a)$ 被称为函数 $y = f(x)$ 在 $x = a$ 时的**微分系数**。微分系数既可以像式 (1.10) 那样通过 $\Delta x \to 0$ 的方式求得，也可以通过先求出导函数 $f'(x)$，然后再将 a 代入 x 的方式求得。无论哪种方式，都可以看出微分系数表示的是函数 $y = f(x)$ 在 x 等于某个常数时的倾斜度。

---

[3] 也可用下面这种写法，意思是一样的。

$$f'(a) = \lim_{x \to a} \frac{f(x) - f(a)}{x - a}$$

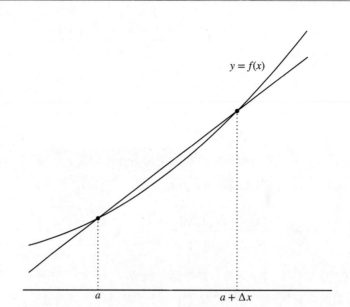

图 1.1　当 Δx 大于 0 时

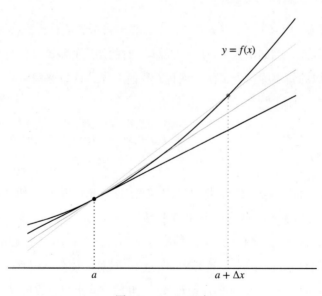

图 1.2　$\Delta x \to 0$ 时

　　那么，偏微分又是怎样的情况呢？偏微分指的是对多个变量中的某一个变量进行微分。乍一看，这似乎就是要对各个变量求"切线的斜率"。其实，这种想法也不能说完全是错的。我们先来看一个简单的例子，思考一下二维曲面（抛物面）$z = f(x, y) = x^2 + y^2$ 的情况，如图 1.3 所示。

1

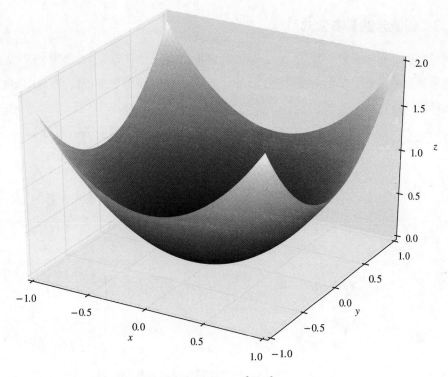

图 1.3 抛物面 $z = x^2 + y^2$

对 x 进行偏微分时，我们可以把 y 固定为任意的值，那么 z 就会变成 $z = g(x) := x^2 + b^2$，即降维成为抛物线。这样一来，微分系数就可以这样计算。

$$
\begin{aligned}
g'(a) &= \lim_{\Delta x \to 0} \frac{g(a + \Delta x) - g(a)}{\Delta x} \\
&= \lim_{\Delta x \to 0} \frac{f(a + \Delta x, b) - f(a, b)}{\Delta x} \\
&= 2a
\end{aligned}
\tag{1.11}
$$

因此，我们就求得了 $z = f(x, y)$ 在点 (a, b) 处的 x 的**偏微分系数**。

$$
\frac{\partial z}{\partial x}(a, b) = 2a
\tag{1.12}
$$

这个偏微分系数是用 $x = b$ 的平面切开抛物面 z 时，在 $x = a$ 处的微分系数，所以表示的是 $z = f(x, y)$ 在 x 方向的倾斜度。计算 y 的偏微分也是同理。

1.1.3 偏微分的基本公式

与普通（一元函数）微分一样，偏微分也可以推导出用基本算术运算符来表示的公式。我们来试着考虑一下二元函数的情况。假定有由变量 x、y 构成的函数 $f(x, y)$、$g(x, y)$，那么下面的公式成立。

● **和、差**

$$\frac{\partial}{\partial x}(f(x, y) \pm g(x, y)) = \frac{\partial}{\partial x}f(x, y) \pm \frac{\partial}{\partial x}g(x, y) \tag{1.13}$$

● **乘积**

$$\frac{\partial}{\partial x}(f(x, y)g(x, y)) = \left(\frac{\partial}{\partial x}f(x, y)\right)g(x, y) + f(x, y)\left(\frac{\partial}{\partial x}g(x, y)\right) \tag{1.14}$$

● **商**

$$\frac{\partial}{\partial x}\left(\frac{f(x, y)}{g(x, y)}\right) = \frac{\left(\frac{\partial}{\partial x}f(x, y)\right)g(x, y) - f(x, y)\left(\frac{\partial}{\partial x}g(x, y)\right)}{(g(x, y))^2} \tag{1.15}$$

● **常数倍**（c 是常数）

$$\frac{\partial}{\partial x}cf(x, y) = c\frac{\partial}{\partial x}f(x, y) \tag{1.16}$$

这里就不推导所有的公式了，只试着推导式 (1.13)，即和、差的公式吧。遵循式 (1.5)，也就是偏微分的定义式就可以简单地推导出来。

和、差的公式的推导过程

$$
\begin{aligned}
\frac{\partial}{\partial x}(f(x, y) \pm g(x, y)) &= \lim_{\Delta x \to 0}\frac{(f(x + \Delta x, y) \pm g(x + \Delta x, y)) - (f(x, y) \pm g(x, y))}{\Delta x} \\
&= \lim_{\Delta x \to 0}\frac{(f(x + \Delta x, y) - f(x, y)) \pm (g(x + \Delta x) - g(x, y))}{\Delta x} \\
&= \lim_{\Delta x \to 0}\frac{f(x + \Delta x, y) - f(x, y)}{\Delta x} \pm \lim_{\Delta x \to 0}\frac{g(x + \Delta x, y) - g(x, y)}{\Delta x} \\
&= \frac{\partial}{\partial x}f(x, y) \pm \frac{\partial}{\partial x}g(x, y)
\end{aligned}
\tag{1.17}
$$

1

其余的公式也可以用相同方法推导出来。

1.1.4 复合函数的偏微分

除了上一小节介绍的公式以外，大家还需要掌握的就是复合函数的（偏）微分了。有函数 $y = f(u)$ 和 $u = g(x)$，那么二者组合而成的函数 $y = f(g(x))$ 就是**复合函数**。此时，它的导函数如下所示。

$$\frac{\mathrm{d}y}{\mathrm{d}x} = \frac{\mathrm{d}y}{\mathrm{d}u} \cdot \frac{\mathrm{d}u}{\mathrm{d}x} = f'(g(x)) \cdot g'(x) \tag{1.18}$$

具体的推导过程后面再讲，这里先看一个简单的例子。下面这个函数该如何进行微分呢？

$$y = \log \frac{1}{x} \tag{1.19}$$

可以把它分解为以下两个函数。

$$y = \log u \tag{1.20}$$

$$u = \frac{1}{x} \tag{1.21}$$

根据这两个函数的导函数，

$$\frac{\mathrm{d}y}{\mathrm{d}u} = \frac{1}{u} \tag{1.22}$$

$$\frac{\mathrm{d}u}{\mathrm{d}x} = -\frac{1}{x^2} \tag{1.23}$$

可以得到下式。

$$\begin{aligned}\frac{\mathrm{d}y}{\mathrm{d}x} &= \frac{1}{u} \cdot \left(-\frac{1}{x^2}\right) \\ &= -\frac{1}{x}\end{aligned} \tag{1.24}$$

这种根据各个函数导函数的乘积，来计算复合函数导函数的方法称为**链式法则**（chain rule）。

链式法则在多元函数中也成立。假设有多元函数 z 和 $n_i(i = 1, \cdots, n)$。

$$z = f(u_1, \cdots, u_i, \cdots, u_n) \tag{1.25}$$

$$u_i = g_i(x_1, \cdots, x_k, \cdots, x_m) \tag{1.26}$$

这时，复合函数的偏微分如下所示。

$$
\begin{aligned}
\frac{\partial z}{\partial x_k} &= \frac{\partial f}{\partial u_1}\frac{\partial u_1}{\partial x_k} + \cdots + \frac{\partial f}{\partial u_n}\frac{\partial u_n}{\partial x_k} \\
&= \sum_{i=1}^{n} \frac{\partial f}{\partial u_i}\frac{\partial u_i}{\partial x_k}
\end{aligned} \tag{1.27}
$$

我们先来考虑 $z = f(g(x,y))$ 的情况。这就是式 (1.27) 在 $n = 1$ 时的情况，所以可以得到下式。

$$
\frac{\partial z}{\partial x} = \frac{\partial z}{\partial g}\frac{\partial g}{\partial x} \tag{1.28}
$$

$$
\frac{\partial z}{\partial y} = \frac{\partial z}{\partial g}\frac{\partial g}{\partial y} \tag{1.29}
$$

那么 $z = f(g(x,y), h(x,y))$ 的情况又当如何呢？相信大家都能明白，这次 $n = 2$，所以可以得到下式。

$$
\frac{\partial z}{\partial x} = \frac{\partial z}{\partial g}\frac{\partial g}{\partial x} + \frac{\partial z}{\partial h}\frac{\partial h}{\partial x} \tag{1.30}
$$

$$
\frac{\partial z}{\partial y} = \frac{\partial z}{\partial g}\frac{\partial g}{\partial y} + \frac{\partial z}{\partial h}\frac{\partial h}{\partial y} \tag{1.31}
$$

上面这些就是我们需要记住的公式。链式法则在神经网络的理论中会频繁出现，所以大家一定要把它牢记在脑海里。另外，式 (1.18) 这样的一元复合函数导函数的推导过程请见式 (1.33)。在求式 (1.30) 和式 (1.31) 中二元函数的偏导函数时，需要用到全微分的知识，因此下一节会将全微分作为拓展内容进行介绍，有兴趣的读者可以读一读。

链式法则的推导（一元函数的情况）

当 $y = f(g(x))$、$u = g(x)$ 时，

$$
\begin{aligned}
\frac{\mathrm{d}y}{\mathrm{d}x} &= \lim_{\Delta x \to 0} \frac{f(g(x + \Delta x)) - f(g(x))}{\Delta x} \\
&= \lim_{\Delta x \to 0} \left(\frac{f(g(x + \Delta x)) - f(g(x))}{g(x + \Delta x) - g(x)} \cdot \frac{g(x + \Delta x) - g(x)}{\Delta x} \right)
\end{aligned} \tag{1.32}
$$

这里令 $\Delta u := g(x + \Delta x) - g(x)$，那么当 $\Delta x \to 0$ 时 $\Delta u \to 0$，式 (1.32) 最终会变为下式。

1

$$\begin{aligned} \frac{dy}{dx} &= \lim_{\Delta x \to 0} \left(\frac{f(u + \Delta u) - f(u)}{\Delta u} \cdot \frac{g(x + \Delta x) - g(x)}{\Delta x} \right) \\ &= \lim_{\Delta u \to 0} \frac{f(u + \Delta u) - f(u)}{\Delta u} \cdot \lim_{\Delta x \to 0} \frac{g(x + \Delta x) - g(x)}{\Delta x} \\ &= \frac{dy}{du} \cdot \frac{du}{dx} \end{aligned} \tag{1.33}$$

这样就推导出了链式法则。

1.1.5 ▶ 拓展 全微分

我们来思考一下二元函数 $z = f(x, y)$ 的情况。假定 $z = f(x, y)$ 在点 (a, b) 处**可全微分**，那么我们可以用下面的式子来进行描述。

$$f(x, y) = f(a, b) + (x - a)A + (y - b)B + \sqrt{(x - a)^2 + (y - b)^2}\, \alpha(x, y) \tag{1.34}$$

上式中的 A、B 为常数，函数 $\alpha(x, y)$ 在点 (a, b) 处连续且 $\alpha(a, b) = 0$。根据该定义可以看出常数 A、B 分别等于 $f_x(a, b)$、$f_y(a, b)$。

假设 (x, y) 从点 (a, b)（微小地）移动到点 $(a + \Delta x, b + \Delta y)$ 时函数值的变化量为 Δz，因为

$$\Delta z = f(a + \Delta x, b + \Delta y) - f(a, b) \tag{1.35}$$

所以根据式 (1.34)，可以推导出 Δz 约等于（即**第 1 次近似**）

$$\frac{\partial z}{\partial x}\Delta x + \frac{\partial z}{\partial y}\Delta y \tag{1.36}$$

那么，在 Δx 和 Δy 都非常小的情况下，就可以像下面这样描述。

$$dz = \frac{\partial z}{\partial x}dx + \frac{\partial z}{\partial y}dy \tag{1.37}$$

这里的 dz 就称为 $z = f(x, y)$ 的**全微分**。

另外，（常）微分的充分必要条件实际上也可以写成和式 (1.34) 相同的形式。我们可以用下式来表示函数 $y = f(x)$ 在 $x = a$ 处可微。

$$f(x) = f(a) + (x - a)A + (x - a)\alpha(x) \tag{1.38}$$

其中 A 为常数、函数 $\alpha(x)$ 在 $x = a$ 处连续且 $\alpha(a) = 0$。这时常数 A 与 $f'(a)$ 相等。

综上，就可以得出由 $x = g(t)$、$y = h(t)$ 组成的复合函数 $z = f(x, y)$ 的微分。

$$\frac{\mathrm{d}z}{\mathrm{d}t} = \frac{\partial z}{\partial x}\frac{\mathrm{d}x}{\mathrm{d}t} + \frac{\partial z}{\partial y}\frac{\mathrm{d}y}{\mathrm{d}t} \tag{1.39}$$

接下来，我们来试着推导一下这条链式法则。

链式法则的推导（二元函数的情况）

在 $t = c$ 时，令 $x = g(c) = a$，$y = h(c) = b$，根据式 (1.38) 可以得出下列式子。

$$g(t) - a = g'(c)(t - c) + (t - c)\alpha(t) \tag{1.40}$$
$$h(t) - b = h'(c)(t - c) + (t - c)\beta(t) \tag{1.41}$$

但需要 $\alpha(t)$、$\beta(t)$ 均在 $t = c$ 处连续，且 $\alpha(c) = 0$，$\beta(c) = 0$。

此外，根据式 (1.34)，我们也可以写成下面这种形式。

$$f(x, y) = f(a, b) + \frac{\partial f}{\partial x}(a, b)(x - a) + \frac{\partial f}{\partial y}(a, b)(y - b) + \sqrt{(x - a)^2 + (y - b)^2}\,\gamma(x, y) \tag{1.42}$$

其中，$\gamma(x, y)$ 在点 (a, b) 处连续且 $\gamma(a, b) = 0$。把式 (1.40)、式 (1.41) 代入式 (1.42)，则下式成立。

$$\begin{aligned} f(g(t), h(t)) &= f(a, b) + (t - c)\left(\frac{\partial f}{\partial x}(a, b)g'(c) + \frac{\partial f}{\partial y}(a, b)h'(c)\right) \\ &\quad + (t - c)\left(\frac{\partial f}{\partial x}(a, b)\alpha(t) + \frac{\partial f}{\partial y}(a, b)\beta(t) + \gamma(g(t), h(t))\right) \end{aligned} \tag{1.43}$$

将其和式 (1.38) 进行比较后，可知

$$\frac{\mathrm{d}z}{\mathrm{d}t}(c) = \frac{\partial f}{\partial x}(a, b)g'(c) + \frac{\partial f}{\partial y}(a, b)h'(c) \tag{1.44}$$

这说明式 (1.39) 成立。

只要将 x 或者 y 其中一方固定，式 (1.30) 和式 (1.31) 中的链式法则就也可以通过上面的步骤推导出来。

1

1.2 线性代数

线性代数是一门处理向量和矩阵的学科。不过在神经网络理论中,向量和矩阵只是用来简洁地描述式子和处理式子的变形,并不会用到**向量空间**和**特征向量**等领域的知识,因此本书的讲解也只会覆盖我们需要掌握的内容。

1.2.1 向量

1.2.1.1 向量的基础知识

首先从向量的基础知识开始讲解。若有实数 $a_1, \cdots, a_n$[4],那么向量可以这样表示。

$$\boldsymbol{a} = \begin{pmatrix} a_1 \\ a_2 \\ \vdots \\ a_n \end{pmatrix} \tag{1.45}$$

或者也可以像下面这样表示。

$$\vec{a} = (a_1\ a_2 \cdots a_n) \tag{1.46}$$

不过,严格来说,$\boldsymbol{a}$ 是 n 维**列向量**,$\vec{a}$ 是 n 维**行向量**。在没有特别说明的情况下,本书提到向量时指的都是前者的列向量,表示为 $\boldsymbol{a} \in \mathrm{R}^n$(R 是全体实数)。与向量相对,像 $a_i \in \mathrm{R}$ 这样的数则称为**标量**。此外,向量 $\boldsymbol{a}$ 的第 i 个数 a_i 称为 $\boldsymbol{a}$ 的**第 i 个元素**。所有元素都是 0 的向量称为**零向量**,用 $\boldsymbol{0}$ 表示。

1.2.1.2 向量的和与标量倍数

向量之间该如何运算呢?假定有以下两个向量

$$\boldsymbol{a} = \begin{pmatrix} a_1 \\ a_2 \\ \vdots \\ a_n \end{pmatrix}, \boldsymbol{b} = \begin{pmatrix} b_1 \\ b_2 \\ \vdots \\ b_n \end{pmatrix}$$

此时,向量的和与标量倍数的定义如下。

▶4 向量本身也可以用于处理复数,但神经网络不处理复数,所以这里把范围限定为实数。所有元素都是实数的向量是实向量,包含复数的向量是复向量。

● 和

$$a + b = \begin{pmatrix} a_1 + b_1 \\ a_2 + b_2 \\ \vdots \\ a_n + b_n \end{pmatrix} \tag{1.47}$$

● 标量倍数

令 $c \in \mathrm{R}$，则下式成立。

$$ca = \begin{pmatrix} ca_1 \\ ca_2 \\ \vdots \\ ca_n \end{pmatrix} \tag{1.48}$$

另外，$(-1)a$ 记为 $-a$，$a + (-1)b$ 记为 $a - b$。以上是较为严谨的定义，实际计算时我们可以把这些理解为"向量之间的加法和减法"。

根据以上定义，下述等式成立。

1. $(a + b) + c = a + (b + c)$ （结合律）

2. $a + b = b + a$ （交换律）

3. $a + 0 = 0 + a = a$

4. $a + (-a) = (-a) + a = 0$

5. $c(a + b) = ca + cb$

6. $(c + d)a = ca + da$

7. $(cd)a = c(da)$

8. $1a = a$

其中，a、b、$c \in \mathrm{R}^n$，c、$d \in \mathrm{R}$。

1.2.1.3 向量的内积

存在两个向量 $a \in \mathrm{R}^n$ 与 $b \in \mathrm{R}^n$，其中每个元素的乘积之和就称为向量的**内积**，用 $a \cdot b$ 来表示，式子如下所示。

$$a \cdot b = \sum_{i=1}^{n} a_i b_i \tag{1.49}$$

需要注意内积不是向量，而是标量。比如在 $n = 2$，也就是

$$\boldsymbol{a} = \begin{pmatrix} a_1 \\ a_2 \end{pmatrix}, \ \boldsymbol{b} = \begin{pmatrix} b_1 \\ b_2 \end{pmatrix}$$

时，内积 $\boldsymbol{a} \cdot \boldsymbol{b} = a_1 b_1 + a_2 b_2$。

此外，相对于内积，只是把向量 $\boldsymbol{a}$ 和 $\boldsymbol{b}$ 的各个元素相乘得到的是**元素积**，可以写作 $\boldsymbol{a} \odot \boldsymbol{b}$ 等形式，即

$$\boldsymbol{a} \odot \boldsymbol{b} = \begin{pmatrix} a_1 b_1 \\ a_2 b_2 \\ \vdots \\ a_n b_n \end{pmatrix} \tag{1.50}$$

1.2.2　矩阵

1.2.2.1　矩阵的基础知识

我们首先看一下矩阵的相关术语。m、n 表示自然数时，**矩阵**指的就是下面这样由 $m \times n$ 个 $a_{ij} \in \mathrm{R}$ 的数排列成的长方形阵列[5]。

$$\boldsymbol{A} = \begin{pmatrix} a_{11} & a_{12} & \cdots & a_{1n} \\ a_{21} & a_{22} & \cdots & a_{2n} \\ \vdots & \vdots & \ddots & \cdots \\ a_{m1} & a_{m2} & \cdots & a_{mn} \end{pmatrix} \tag{1.51}$$

另外它还可以简写为 $\boldsymbol{A} = (a_{ij})$ 的形式。这里的 a_{ij} 称为 $\boldsymbol{A}$ 的 $(\boldsymbol{i}, \boldsymbol{j})$ **元素**。元素全部为 0 的矩阵是**零矩阵**，用 $\boldsymbol{O}$ 来表示。

当 $m = n$ 时，$n \times n$ 矩阵 $\boldsymbol{A}$ 称为**正方矩阵**或 $\boldsymbol{n}$ **阶矩阵**。这时 $a_{ii}(i = 1, \cdots, n)$ 称为 $\boldsymbol{A}$ 的**对角元素**。另外，对角元素以外的元素都为 0 的矩阵叫作**对角矩阵**。更特别的是，所有对角元素全部为 1 的 $n \times n$ 矩阵称为 n 阶**单位矩阵**。单位矩阵用 $\boldsymbol{E}_n$ 或 $\boldsymbol{I}_n$ 来表示。

我们也可以把矩阵看作向量的排列。对于矩阵 $\boldsymbol{A}$，下面是它的第 i **行向量**。

$$\vec{a}_i = (a_{i1} \ a_{i2} \cdots a_{in}) \quad (i = 1, \cdots, m) \tag{1.52}$$

下面是它的第 j **列向量**。

---

[5]　与向量相同，矩阵也可以用于处理复数，但在神经网络中只考虑实数即可，所以这里把范围限定于实数。a_{ij} 都为实数的矩阵是**实矩阵**、包含复数的矩阵是**复矩阵**。

$$a_j = \begin{pmatrix} a_{1j} \\ a_{2j} \\ \vdots \\ a_{mj} \end{pmatrix} \quad (j = 1, \cdots, n) \tag{1.53}$$

1.2.2.2　矩阵的和与标量倍数

接下来看一下矩阵的运算。假定矩阵 $A = (a_{ij})$ 和 $B = (b_{ij})$ 是同样的 $m \times n$ 矩阵，那么矩阵的和与标量倍数的定义如下。

● 和

$$A + B = (a_{ij} + b_{ij}) \tag{1.54}$$

● 标量倍数

令 $c \in \mathrm{R}$，则下式成立。

$$cA = (ca_{ij}) \tag{1.55}$$

另外，相对于矩阵 A，矩阵 $-A$ 记为 $-A = (-a_{ij})$，$A + (-B)$ 记为 $A - B$。也就是说，与向量的情况一样，我们可以把这些运算理解为"矩阵的加法和减法"。

根据以上定义，下述等式成立。

1. $A + B = B + A$　　　　　　　（交换律）
2. $(A + B) + C = A + (B + C)$　（结合律）
3. $A + O = O + A = A$
4. $A + (-A) = (-A) + A = O$
5. $c(A + B) = cA + cB$
6. $(c + d)A = cA + dA$
7. $c(dA) = (cd)A$
8. $1A = A$

其中，A、B、$C \in \mathrm{R}^{m \times n}$，$c$、$d \in \mathrm{R}$。

1.2.2.3　矩阵的乘积

不同于矩阵的和或标量倍数，矩阵的乘积需要我们稍加留意。首先来看一下矩阵乘积的定义。若有 $m \times n$ 矩阵 $A = (a_{ij})$ 和 $n \times l$ 矩阵 $B = (b_{jk})$，那么其乘积 AB 如下定义。

$$AB = (c_{ik}) \tag{1.56}$$

其中

$$c_{ik} = a_{i1}b_{1k} + a_{i2}b_{2k} + \cdots + a_{in}b_{nk}$$

$$= \sum_{j=1}^{n} a_{ij}b_{jk} \ (i = 1, \cdots, m, \ k = 1, \cdots, l) \tag{1.57}$$

如果用矩阵的各个元素来表示，可以写成下面这样（相当于式 (1.57) 的部分用粗体显示）。

$$\begin{pmatrix} a_{11} & a_{12} & \cdots & a_{1n} \\ \vdots & \vdots & & \vdots \\ \boldsymbol{a_{i1}} & \boldsymbol{a_{i2}} & \cdots & \boldsymbol{a_{in}} \\ \vdots & \vdots & & \vdots \\ a_{m1} & a_{m2} & \cdots & a_{mn} \end{pmatrix} \begin{pmatrix} b_{11} & \cdots & \boldsymbol{b_{1k}} & \cdots & b_{1l} \\ b_{21} & \cdots & \boldsymbol{b_{2k}} & \cdots & b_{2l} \\ \vdots & & \vdots & & \vdots \\ b_{n1} & \cdots & \boldsymbol{b_{nk}} & \cdots & b_{nl} \end{pmatrix} = \begin{pmatrix} c_{11} & \cdots & c_{1k} & \cdots & c_{1l} \\ \vdots & & \vdots & & \vdots \\ c_{i1} & \cdots & \boldsymbol{c_{ik}} & \cdots & c_{il} \\ \vdots & & \vdots & & \vdots \\ c_{m1} & \cdots & c_{mk} & \cdots & c_{ml} \end{pmatrix} \tag{1.58}$$

请注意 $\boldsymbol{AB}$ 是 $m \times l$ 矩阵。乍一看矩阵的乘积很复杂，但是如果把矩阵 $\boldsymbol{A}$、$\boldsymbol{B}$ 像下面这样看成 n 阶行向量 $\vec{a}_i(i = 1, \cdots, m)$ 和 n 阶列向量 $\boldsymbol{b}_k(k = 1, \cdots, l)$ 的排列

$$\boldsymbol{A} = \begin{pmatrix} \vec{a}_1 \\ \vdots \\ \vec{a}_i \\ \vdots \\ \vec{a}_m \end{pmatrix}, \ \boldsymbol{B} = (\boldsymbol{b}_1 \ \cdots \ \boldsymbol{b}_k \ \cdots \ \boldsymbol{b}_l) \tag{1.59}$$

那么 $\boldsymbol{AB}$ 就可以表示为如下形式。

$$\boldsymbol{AB} = (\vec{a}_i \cdot \boldsymbol{b}_k) \ (i = 1, \cdots, m, \ k = 1, \cdots, l) \tag{1.60}$$

由此就可以看出，$\boldsymbol{AB}$ 是由各行向量和各列向量的内积所组成的矩阵[6]。

因此，只有在 $n = k$ 的情况下才能求得 $m \times n$ 矩阵 $\boldsymbol{A}$ 和 $k \times l$ 矩阵 $\boldsymbol{B}$ 的乘积 $\boldsymbol{AB}$，而这时 $\boldsymbol{AB}$ 是一个 $m \times l$ 矩阵。这就意味着即便 $\boldsymbol{AB}$ 可以计算，$\boldsymbol{BA}$ 也不一定就能够计算，而且即使都可以计算，$\boldsymbol{AB} = \boldsymbol{BA}$ 也不一定成立。甚至，$\boldsymbol{AB} \neq \boldsymbol{BA}$ 的情况更多。

我们来看一个例子，假设矩阵 $\boldsymbol{A}$ 和矩阵 $\boldsymbol{B}$ 如式 (1.61) 所示。

$$\boldsymbol{A} = \begin{pmatrix} 1 & 2 & 3 \\ 4 & 5 & 6 \end{pmatrix}, \ \boldsymbol{B} = \begin{pmatrix} 1 \\ 2 \\ 3 \end{pmatrix} \tag{1.61}$$

---

[6] 与内积相对，通过计算（大小相同的）矩阵的每个元素的乘积而得到的矩阵乘积称为**哈达玛积**（Hadamard product）。如果将向量看作是行或者列的大小为 1 的矩阵，那么也可以把向量的元素积视为哈达玛积。

A 是 2×3 矩阵，B 是 3×1 矩阵，因此乘积 AB 是如下所示的 2×1 矩阵。

$$AB = \begin{pmatrix} 14 \\ 32 \end{pmatrix} \tag{1.62}$$

而这时 BA 是无法计算的。另外，对于下面这样的矩阵 C 和矩阵 D

$$C = \begin{pmatrix} 1 & 2 \\ 3 & 4 \end{pmatrix}, D = \begin{pmatrix} 4 & 3 \\ 2 & 1 \end{pmatrix} \tag{1.63}$$

进行计算之后发现 $CD \neq DC$。

$$CD = \begin{pmatrix} 8 & 5 \\ 20 & 13 \end{pmatrix}, DC = \begin{pmatrix} 13 & 20 \\ 5 & 8 \end{pmatrix} \tag{1.64}$$

不过，矩阵乘积的结合律是成立的。也就是说，对于 $m \times n$ 矩阵 A、$n \times l$ 矩阵 B、$l \times r$ 矩阵 C，下述式子成立。

$$(AB)C = A(BC) \tag{1.65}$$

通过比较各个矩阵的元素就能验证这个结论。

另外，分配律也是成立的。对于 $m \times n$ 矩阵 A、$n \times l$ 矩阵 B 和 C、$l \times r$ 矩阵 D，下述式子成立。

$$A(B + C) = AB + AC \tag{1.66}$$
$$(B + C)D = BD + CD \tag{1.67}$$

1.2.2.4 正则矩阵与逆矩阵

前面已经讲过，一般来说，对于 n 阶正方矩阵 A 和 B，$AB \neq BA$。但是我们也可以立刻判断出，对于 n 阶单位矩阵 I，$AI = IA = A$ 成立。也就是说，I 起到了与数字 1 相同的作用。

接下来请思考一下：等于 $\frac{I}{A}$ 的矩阵 B，也就是满足 $AB = BA = I$ 的矩阵 B 是否存在？例如，矩阵 A 和矩阵 B 如下所示。

$$A = \begin{pmatrix} 3 & -2 \\ -2 & 1 \end{pmatrix}, B = \begin{pmatrix} -1 & -2 \\ -2 & -3 \end{pmatrix} \tag{1.68}$$

此时，我们可以得出

$$AB = BA = \begin{pmatrix} 1 & 0 \\ 0 & 1 \end{pmatrix} = I \tag{1.69}$$

像这样，如果存在矩阵 B 使得 $AB = BA = I$ 成立，那么此时矩阵 A 就称为**正则矩阵**，矩阵 B 则称为 A 的**逆矩阵**，用 A^{-1} 来表示。如果有矩阵 B、B' 分别满足 $BA = I$ 和 $AB' = I$，那么可以推导出下式。

$$B = BI = B(AB') = (BA)B' = IB' = B' \tag{1.70}$$

因此，A 的逆矩阵 A^{-1} 是唯一的。

接下来看一下矩阵乘积的逆矩阵吧。对于 n 阶正方矩阵 A 和 B，$(AB)^{-1}$ 等于什么呢？如果 A 和 B 都是正则矩阵，那么下式成立。

$$(AB)(B^{-1}A^{-1}) = A(BB^{-1})A^{-1} = AA^{-1} = I \tag{1.71}$$

所以乘积 AB 也是正则式，由此可以推导出 $(AB)^{-1} = B^{-1}A^{-1}$。另外，根据 $AA^{-1} = A^{-1}A = I$ 可以得出 A^{-1} 是正则矩阵，其逆矩阵 $(A^{-1})^{-1} = A$。

1.2.2.5 转置矩阵

关于矩阵还有一个重要的概念，那就是**转置矩阵**。这是通过交换 $m \times n$ 矩阵 $A = (a_{ij})$ 的行和列所得到的 $n \times m$ 矩阵，记作 A^{T} 或 ${}^{\mathrm{t}}A$。我们通过式子来看一下。

$$A = \begin{pmatrix} a_{11} & a_{12} & \cdots & a_{1n} \\ a_{21} & a_{22} & \cdots & a_{2n} \\ \vdots & \vdots & \ddots & \vdots \\ a_{m1} & a_{m2} & \cdots & a_{mn} \end{pmatrix} \tag{1.72}$$

对于矩阵 A，其转置矩阵可表示为下式。

$$A^{\mathrm{T}} = \begin{pmatrix} a_{11} & a_{21} & \cdots & a_{m1} \\ a_{12} & a_{22} & \cdots & a_{m2} \\ \vdots & \vdots & \ddots & \vdots \\ a_{1n} & a_{2n} & \cdots & a_{mn} \end{pmatrix} \tag{1.73}$$

假设有如下的矩阵 A。

$$A = \begin{pmatrix} 1 & 2 & 3 \\ 4 & 5 & 6 \end{pmatrix} \tag{1.74}$$

那么，其转置矩阵如下所示。

$$A^{\mathrm{T}} = \begin{pmatrix} 1 & 4 \\ 2 & 5 \\ 3 & 6 \end{pmatrix} \tag{1.75}$$

另外，$A^{\mathrm{T}} = A$ 的矩阵称为**对称矩阵**。

根据转置矩阵的定义，以下描述成立。

1. A、B 均为 $m \times n$ 矩阵时，$(A + B)^{\mathrm{T}} = A^{\mathrm{T}} + B^{\mathrm{T}}$

2. $(cA)^{\mathrm{T}} = cA^{\mathrm{T}}$

3. $(A^{\mathrm{T}})^{\mathrm{T}} = A$

4. 若 n 阶正方矩阵 A 为正则矩阵，则有 $(A^{\mathrm{T}})^{-1} = (A^{-1})^{\mathrm{T}}$

5. A 为 $m \times n$ 矩阵、B 为 $n \times l$ 矩阵时，$(AB)^{\mathrm{T}} = B^{\mathrm{T}}A^{\mathrm{T}}$

1.3　小结

　　本章作为学习深度学习、神经网络理论之前的准备，介绍了偏微分和线性代数的基本定义和公式。二者都是在理解模型时不可欠缺的知识。

　　在本章的前半部分，我们了解了偏微分是只对多元函数的某一个函数进行的微分，学习了偏导函数和偏微分系数的定义，以及它们四则运算的基本公式，还有在学习偏微分时不得不提的复合函数的微分——链式法则。我们分别推导了一元函数和多元函数情况下的链式法则的公式。

　　在线性代数部分，我们学习了向量和矩阵的定义及公式，还有矩阵的和与标量倍数的公式、向量内积和矩阵乘积的表达式。矩阵的乘积由各矩阵的行向量和列向量的内积组成。另外，我们还了解了线性代数中不可或缺的逆矩阵和转置矩阵的知识。

　　关于这里涉及的数学理论，本书既有加以省略的部分，也有严谨对待的部分。想要了解更多细节、更扎实地学习数学理论的读者，请阅读参考文献 [1][2][3] 等资料。

　　本章做的是理论基础方面的准备，接下来的第 2 章将要做的是代码实现方面的准备。我们将会了解 Python 环境的搭建和如何使用库进行计算等内容。

参考文献

[1] 杉浦光夫 . 解析入门 I [M]. 东京：东京大学出版会 , 1980.（尚无中文版）

[2] 杉浦光夫 . 解析入门 II [M]. 东京：东京大学出版会 , 1985.（尚无中文版）

[3] 齐藤正彦 . 线性代数入门 [M]. 东京：东京大学出版会 , 1966.（尚无中文版）

第 2 章

Python 准备

深度学习领域的研究日新月异，有许多模型被设计出来，而这些模型都是作为算法来描述的，理论上可以用任何语言来实现。GitHub[1] 等网站上也确实公开了 Python、Java、C、C++、Lua、R 等多种语言的实现。在这些语言之中，Python 是人气最高的。无论是个人还是企业，不同的开发环境中均可看到 Python 的身影[2]。它人气高的理由有很多，下面就列举其中的 3 点。

- 作为脚本语言可以轻松实现
- Python 的数值计算库很丰富
- Python 的深度学习库很丰富

库（library）是在一定程度上封装好的处理，不仅可以供其他程序调用，也可以重复使用。Python 提供了很多方便的库，如果大家能熟练使用它们，就可以减少需要自己开发的代码量，提升开发效率。

因此，为了顺利实现深度学习算法，本章将会逐一讲解 Python 环境的搭建、Python 的基础知识和具有代表性的库的使用方法等内容。对 Python 已经比较熟悉的读者，可以跳过

---

[1] https://github.com/

[2] 在 GitHub 搜索 "deep learning"，就可以看到用各个语言开发的代码库数量（项目数），进而了解它们的热门程度。到 2017 年 1 月为止，Python 开发的项目有 2100 个左右，其次是用 Jupyter Notebook 开发的项目，有 1050 个左右，另外 Matlab 开发的有 250 个左右。可以说 Python 是一骑绝尘的。（其实在 Jupyter Notebook 上也主要是用 Python 语言来进行开发的。——译者注）

2.1 节 ~ 2.3 节的内容。另外提前说一下，本书使用的是 Python 3。

2.1　Python 2 和 Python 3

Python 官网 [3] 上汇总了 Python 的相关资讯、Python 的基本结构及语法等各种信息。Python 的安装文件也可以从官网上下载。可是笔者在 2017 年 1 月访问官网的下载页面 [4] 时，该页面提供了 Python 2.7.13 和 Python 3.6.0 两种安装文件。那么，这两种文件有什么区别呢？

2.7.13 或 3.6.0 这样的数字表示的是 Python 发布时的版本号。因为 Python 自身也会随着功能的改进以及 bug 的修复而不断更新。用点分隔开来的 3 个数字依次叫作**主版本**（major）、**次版本**（minor）和**小版本**（micro）。也就是说，Python 同时提供 2 个主版本，2 和 3。不只 Python，其他的编程语言、软件、应用程序也用这样的方法标记版本，而主版本的变更意味着大的功能变更。

一般来说，官网不会一直维护旧版本，所以推荐大家使用新版本（即版本号大的版本）。Python 也一样，部分 Python 2 的语法在 Python 3 中发生了改变，互不兼容。比如在打印 "hello, world!" 字符串时，在 Python 2 中要如下书写。

```
print "hello, world!"
```

而在 Python 3 中，不加 "()" 就会报错。

```
print("hello, world!")
```

此外，在 Python 官网的 Wiki 上 [5] 也有这样一句话。

Python 2.x is legacy, Python 3.x is the present and future of the language

翻译过来就是 "Python 2.x 已是过去的遗产，Python 3.x 才是 Python 的现在和未来"。

因此我们很容易萌生 "安装 Python 2 还有什么用" 的想法。但实际上，在使用 Python 3

---

[3]　https://www.python.org/

[4]　https://www.python.org/downloads/

[5]　https://wiki.python.org/moin/Python2orPython3

进行开发时会遇到一些麻烦。其中一个比较大的问题就是库的版本兼容性。有些库只支持 Python 2，特别是在刚刚发布 Python 3 的时候，许多库都不支持 Python 3。另外，也不知是好是坏，在 2008 年 Python 3.0 发布之后，Python 2.x 依然得到了版本更新，这导致有些库在对 Python 3 的支持上迟迟未实现，所以使用 Python 2 开发更方便的状态持续了很长时间。虽然现在很多主要的库都支持 Python 3 了，但下面这些原因的存在，使得人们对 Python 2 的需求依然很高。

- 想用那些（依然）只支持 Python 2 的库
- 一直以来都是用 Python 2 开发的，迁移（重写）到 Python 3 的开发成本太高，很难推行

本书中用于实现的几个库都是支持 Python 3 的，所以本书将使用 Python 3。

2.2 Anaconda 发行版

从官网上下载 Python 3 的安装文件当然没有问题，但是这么做的话，每次想用某个库的时候都得另外再去安装。当然，每次需要时再去安装也不会影响开发，就是太麻烦了。

这时我们可以考虑使用 Python 的**发行版**。这是预先安装好了几种主要库的 Python，可以省去另行安装的麻烦。尤其是 Continuum Analytics 公司 ▶6 提供的 **Anaconda** 发行版，它网罗了进行数值计算所需的主要的库，能够帮助用户高效地进行深度学习的开发。本书中的实现就将以安装了 Anaconda 为前提，所以让我们先去安装 Anaconda 吧。

Windows、Mac 和 Linux 操作系统下的 Anaconda 安装文件都可从其官网上下载 ▶7。下载好所需的安装文件后，就可以通过 GUI 界面配置开发环境了。安装文件又分为搭载了 Python 3.x 的版本和搭载了 Python 2.x 的版本（2017 年 1 月时为 Python 3.5 和 Python 2.7），请选择搭载了 Python 3.x 的安装包。另外，对于安装时界面上出现的一些设置问题，基本上遵循默认设置即可。

如果对开发环境没有什么特别的要求这么做就可以了，不过在 Mac 和 Linux 上并不推荐使用安装文件来配置环境。后面整理了在 Mac 和 Linux 上配置开发环境的方法，请有需要的读者参考。

▶6　https://www.continuum.io/

▶7　https://www.continuum.io/downloads

Python（Anaconda）安装成功之后，在命令行或终端执行以下命令。

```
$ python --version
```

这样，就可以得到下面的结果。

```
Python 3.5.2 :: Anaconda 4.2.0 (x86_64)
```

由此，Python 3 的安装就完成了。在本书后面的章节中，如果没有特别说明，提到 Python 时指的就是 Python 3。

Mac 的情况

Mac 有一个专用的包管理工具，叫作 **Homebrew**。首先要安装这个工具。正如其官网 ▶8 所介绍的，只需执行以下命令即可完成安装。

```
$ /usr/bin/ruby -e "$(curl -fsSL
  https://raw.githubusercontent.com/Homebrew/install/master/install)"
```

安装 Homebrew 后，通过 brew 命令就能够简单快速地安装许多库和包了。比如，默认情况下 Mac 里没有用于下载指定 URL 文件的 wget 命令，但只需执行下面这行命令，就可以使用 wget 了。

```
$ brew install wget
```

如果需要在 Mac 上安装与开发相关的库，基本上都可以使用 Homebrew 来安装。

虽然 Homebrew 非常方便，但是如果使用安装文件来安装 Anaconda，就可能会导致环境配置发生冲突，Homebrew 或 Anaconda 无法正常工作的问题。对于 Linux 来说也是如此，即便没有用 Homebrew，而是安装了其他的包，也可能会发生冲突。下面就来介绍避免这个问题发生的方法。

▶8　http://brew.sh/

Mac 和 Linux 的情况

Python 里有一个叫作 **pyenv**[9] 的版本管理工具。通过 pyenv，可以在一台机器上安装多个版本的 Python，根据需要区分使用。假如我们不得不在同一台机器上开发 Python 2.7 和 Python 3.5 的项目，用这个工具就非常方便了[10]。

pyenv 本来是用于版本管理的工具，不过通过它也可以在用户环境下安装 Python，这样就可以在不影响机器环境的前提下导入 Python 了。此外，pyenv 还可以安装 Anaconda，所以在 Mac 和 Linux 上通过 pyenv 来安装 Anaconda 即可。在 Mac 中安装 pyenv 的命令如下所示。

```
$ brew install pyenv
```

在 Linux 中的安装命令如下。

```
$ git clone https://github.com/yyuu/pyenv.git ~/.pyenv
```

执行下列命令，即可完成 pyenv 的环境变量设置（如果使用的 shell 是 Zsh，请把 ~/.bash_profile 替换为 ~/.zshrc）。

```
$ echo 'export PYENV_ROOT="${HOME}/.pyenv"' >> ~/.bash_profile
$ echo 'export PATH="${PYENV_ROOT}/bin:$PATH"' >> ~/.bash_profile
$ echo 'eval "$(pyenv init -)"' >> ~/.bash_profile

$ exec $SHELL
```

pyenv 安装好之后，执行 pyenv install --list，就会显示可以安装的 Python 列表。

```
$ pyenv install --list
Available versions:
  2.1.3
  ...
  3.6.0
```

---

[9]　https://github.com/yyuu/pyenv

[10]　pyenv 切换的是 Python 的整个版本，还有一个叫作 **virtualenv** 的工具，能够在同一个版本下，根据项目进一步切换具体的 Python 环境。不过本书中不会使用到 virtualenv。

```
...
anaconda3-4.1.1
anaconda3-4.2.0
ironpython-dev
...
```

找到想要安装的版本（发行版）后，执行 pyenv install <版本名>。此次需要安装的是 Anaconda（最新版），所以执行以下命令。

```
$ pyenv install anaconda3-4.2.0
Downloading Anaconda3-4.2.0-MacOSX-x86_64.sh...
-> https://repo.continuum.io/archive/Anaconda3-4.2.0-MacOSX-x86_64.sh
...
```

可以用 pyenv versions 命令查看通过 pyenv 安装的 Python 版本列表。

```
$ pyenv versions
* system
  anaconda3-4.2.0
```

前面带有 "*" 的是当前机器上默认使用的版本。如果想切换版本，执行 pyenv global <版本名> 即可。

```
$ pyenv global anaconda3-4.2.0

$ pyenv versions
  system
* anaconda3-4.2.0
```

可以看到版本已经切换了。另外，如果希望只在某个特定目录（项目）下使用其他版本，那么在该目录下执行 pyenv local <版本名> 即可。比如，我们想要创建一个 tmp 目录，并在这个目录下使用 system 版本，那么就可以采用以下做法。

```
$ mkdir tmp
$ cd tmp
$ pyenv local system
```

执行 pyenv version，就可以查看当前目录下应用的是哪个 Python 版本。

```
$ pyenv version
system
```

这时看一下目录下的文件列表。

```
$ ls -a
.
..
.python-version
```

可以看到目录下生成了 .python-version 文件。再看一下文件的内容。

```
$ cat .python-version
system
```

可以看出正是这个文件指定了 pyenv 应用的版本。

2.3　Python 的基础知识

2.3.1　Python 程序的执行

Python 程序是通过 Python 解释器来执行的。执行程序时，只需把记载了代码的脚本名（一般就是扩展名为 .py 的文件路径）传给 python 命令即可，不需要进行程序的编译等操作。比如在当前目录下有文件名为 hello_world.py 的脚本，其内容如下所示。

```
print("hello, world!")
```

要运行这个程序，只需执行以下命令即可。

```
$ python hello_world.py
```

执行后界面上应该就会打印出 hello, world! 字符串。

Python 程序基本上就是"在文件中编写程序 → 指定此文件名后执行"这样的流程。不过，用**对话模式**也可以启动 Python 解释器。如果不带任何参数，只执行 python 命令本身，那么在版本号等启动消息之后就会出现 >>>，这表明已经进入了对话模式。

```
$ python
Python 3.5.2 |Anaconda 4.2.0 (x86_64)| (default, Jul 2 2016, 17:52:12)
[GCC 4.8.2] on linux
Type "help", "copyright", "credits" or "license" for more information.
>>>
```

在对话模式下可以直接输入 Python 脚本并执行，所以想做一些简单的处理或者检查运行情况时用它非常方便。执行以下命令后，对话模式在执行完 1 个处理后，会继续等待下一个命令。

```
>>> print("hello, world!")
hello, world!
>>>
```

同时按下 **Ctrl+D** 键，即可结束对话模式。

顺便提一下，在对话模式下输入值和表达式，会直接返回执行的结果。因此，如果我们想做一些简单的计算，那么用对话模式就非常方便了。

```
>>> "hello, world!"
'hello, world!'
>>> 1
1
>>> 1 + 2
3
```

2.3.2　数据类型

2.3.2.1　类型是什么

Python 有许多语法和句式结构。由于篇幅所限，本书无法介绍所有的语法（而且也没有必要全部熟记于心），这里只介绍那些在实现深度学习时需要用到的语法。

首先我们要知道的是 Python 中有许多**数据类型**。这是什么意思呢？我们先看一下例子。请启动 Python 解释器。

```
>>> "I have a pen."
'I have a pen.'
>>> 1
1
>>> 1 + 1
2
```

到这里完全没有问题。那么下面这种情况呢？

```
>>> "I have " + 2 + " pens."
Traceback (most recent call last):
  File "<stdin>", line 1, in <module>
TypeError: Can't convert 'int' object to str implicitly
```

本以为最后会显示 I have 2 pens.，结果却出错了。TypeError: Can't convert 'int' object to str implicitly，也就是"无法随意将 int 转换为 str"的意思，这里的 int 和 str 就是类型。int 是整数型、str 是字符串型，Python 不知道该如何直接计算二者的和。这种不同类型之间的数据计算或求值正是我们需要留意的情况。

Python 中有各种各样的数据类型，我们先来看一下基本的类型。

2.3.2.2　字符串类型

顾名思义，字符串类型（str[11]）就是涉及字符串的数据类型。Python 使用单引号（'...'）或者双引号（"..."）把字符串包起来，用"\"对引号进行转义。下面来看一下它们的示例用法。

```
>>> 'I am fine.'
'I am fine.'
>>> 'I\'m fine.'
"I'm fine."
>>> "I'm fine."
"I'm fine."
>>> 'He said, "I am fine."'
'He said, "I am fine."'
```

──────────────
▶11　string 的缩写。

```
>>> "He said, \"I am fine.\""
'He said, "I am fine."'
>>> 'She said, "I\'m fine."'
'She said, "I\'m fine."'
```

只有最后一个例子的转义符还残留着，所以乍一看会以为这是出错了，不过打印之后可以看出格式是正确的。

```
>>> print('She said, "I\'m fine."')
She said, "I'm fine."
```

当然，中文字符也没问题。

```
>>> "中文也没问题。"
' 中文也没问题。'
```

另外字符串可以用"+"连接，用"*"重复。

```
>>> 'Y' + 'e' + 's!'
'Yes!'
>>> 'Y' + 5 * 'e' + 's!'
'Yeeeees!'
```

2.3.2.3　数值类型

　　Python 中的数值类型分为整数类型（int [12]）和**浮点数**类型（float）[13]。浮点数是用二进制进行计算的计算机在处理带小数点的实数时内部使用的数据格式。理论上，浮点数用于将小数（接近于）无限位的数精确到有限位内的近似值[14]。整数不需要这种近似处理，所以通过区分使用整数类型和浮点数类型，可以提高计算的精度和效率。

　　既然是数值类型，那么当然可以进行各种数学计算。"+""-""*""/"分别对应四则运算的加法、减法、乘法和除法。这个写法几乎在所有的语言中都是一样的。

---

[12]　integer 的缩写。

[13]　除整数、浮点数之外还有复数类型（complex），但本书中没有用到该类型。

[14]　维基百科上有更详细的说明，有需要的读者请自行参考。

2

```
>>> 1 + 2
3
>>> 1 - 2
-1
>>> 1 * 2
2
>>> 4 / 2
2.0
```

这里需要注意的是 4 / 2 的结果不是 2，而是 2.0，因为除法（/）的结果都是浮点数类型。只想要整数部分时，需使用"//"。

```
>>> 5 // 2
2
```

这样一来，计算结果就是整数类型了。但是，如果被除数为浮点数类型，比如

```
>>> 5.0 // 2
2.0
```

那么，得到的结果就又变成浮点数类型了。

我们来看一下下面这个计算式。

```
>>> 1 + 2 * 2.5
6.0
```

计算结果本身当然是正确的，但是输出值是 6.0，而不是 6。仔细一看就能发现这个计算式中既有整数类型又有浮点数类型，也就是在不知不觉中发生了不同类型之间的计算。像这样，类型不统一的数值之间进行计算时 Python 不会报错，而是会自动把整数类型转换为浮点数类型，然后再进行计算。所以在计算时，用户一般不需要考虑是否有整数类型和浮点数类型混合的情况。

如果想将类型明确地转换为整数类型或浮点数类型，可以相应使用 int() 或 float()。

```
>>> 2.5
```

```
2.5
>>> int(2.5)
2
>>> float(2)
2.0
```

如上面的例子所示，使用了 int() 后小数点部分被舍弃，输出的是整数类型。另外，使用 str() 也可以把数值转换为字符串。

```
>>> "I have " + str(2) + " pens."
'I have 2 pens.'
```

2.3.2.4　布尔类型

布尔类型（bool）是只有 True 和 False 两个值的类型，用于逻辑运算和真假值判断。在程序内常常被用于区分不同情况（条件分支），某一条件为真时输出 True、为假时输出 False。比如在使用"=="这样两个等号连在一起的运算符来比较两个数值是否相等时，会得到如下所示的结果。

```
>>> 1 == 1
True
>>> 1 == 2
False
```

光看这个例子也许还很难想象布尔类型具体的应用场景。但是，不仅在深度学习领域，在各种程序中它都是被广泛使用的类型。

Python 中的布尔类型被定义为数值类型的子类型，布尔类型的 True 相当于 1、False 相当于 0。

```
>>> 1 + True
2
>>> 1 + False
1
>>> True + False
1
```

在实际的程序中，大家一开始可能会不习惯直接进行数值类型和布尔类型之间的计算，不过这种用法习惯之后可以灵活地用在代码中，所以还请先记住。

2.3.3 变量

2.3.3.1 变量是什么

进行数值计算等操作时，大家应该经常会碰到"又得输入以前输入过的内容"这类情况。比如，购买价格分别为 100 元、200 元和 300 元的商品时，可以使用优惠 3% 的优惠券，这时的合计金额如下所示。

```
>>> (100 + 200 + 300) * (1 - 0.03)
582.0
```

这个计算式和结果没有任何问题。那么假如优惠券可以优惠 5%，结果又如何呢？

```
>>> (100 + 200 + 300) * (1 - 0.05)
570.0
```

这时就要像上面这样重新输入一次，非常麻烦。而且 100 + 200 + 300 这部分，每次都要重新输入的话也很容易出错。如果仅仅是这么几个字，那重新输入倒也不是什么大问题，但是如果字数很多，那么就会很费时间。

可以解决这个问题的就是**变量**。在变量里放入想要保留的值后，我们就可以在需要的时候直接使用这个值。下面看一下具体示例。

```
>>> price = 100 + 200 + 300
>>> discount_rate = 0.03
```

这里的 price 和 discount_rate 就是变量。我们可以用英文字母、数字和"_"（下划线）为变量命名，但是不能起像 1_price 这样以数字开头的名字。为了方便管理程序内部和提升代码可读性，一般的变量都会像示例那样用"_"来分隔英语单词[15]。用"="（等号）可以

---

[15] 为了防止变量名的定义等因开发者不同而产生较大的差异，Python 语言规定了**编码风格**，开发者一般都要遵循编码风格进行开发。Python 的编码风格请参见 https://pypi.python.org/pypi/pycodestyle。此外，有些企业还规定了自己的编码风格。比如 Google 就规定了 Google Python Style Guide（https://google.github.io/styleguide/pyguide.html）。

将右边的值赋给左边的变量，这样计算出来的结果和直接输入数字时得到的结果是一样的。

```
>>> price * (1 - discount_rate)
582.0
```

另外，像下面这样给变量（discount_rate）重新赋值后，

```
>>> discount_rate = 0.05
>>> price * (1 - discount_rate)
570.0
```

只需再次执行与前面一样的计算式即可得到正确结果。手动输入数字时不容易发现有输错的地方，而定义了变量后，如果把 price 输错为 pric 了，程序就会像下面这样报错。

```
>>> price * (1 - discount_rate)
Traceback (most recent call last):
  File "<stdin>", line 1, in <module>
NameError: name 'price' is not defined
```

所以程序中的错误很容易就能被发现，这也是使用变量带来的好处。

2.3.3.2　变量与类型

　　Python 在定义变量时就要确定变量的类型。当然，变量中不仅可以代入数值类型的值，也可以代入其他类型的值。

```
>>> count = 1
>>> message = "Hello!"
```

不过，如果把 count（int）和 message（str）相加，就会出现类型不一致的错误。

```
>>> count + message
Traceback (most recent call last):
  File "<stdin>", line 1, in <module>
TypeError: unsupported operand type(s) for +: 'int' and 'str'
```

因此，使用变量进行开发时，需要注意变量的类型。

　　变量的类型取决于代入的值，所以在定义变量时如果什么值都不代入也会出现错误。

```
>>> x
Traceback (most recent call last):
  File "<stdin>", line 1, in <module>
NameError: name 'x' is not defined
```

因此，如果是数值类型的变量，需要先把它定义为 x = 0.0 等值。不过，如果一定要定义为"什么值都没有"的状态，那么可以使用 None。

```
>>> x = None
>>> x
```

然后由下一个赋给 x 的值来决定 x 的类型。实际上在 Python 中，无论变量值是不是 None，都可以向已定义的变量代入其他类型的值。

```
>>> message = "Hello!"
>>> message
'Hello!'
>>> message = 1.0
>>> message
1.0
```

上面就是把 message 由字符串类型（str）重新定义为数值类型（float）的例子。不过，向已定义的变量代入完全不同类型的值容易导致程序发生错误，所以不推荐这种做法。

2.3.4　数据结构

2.3.4.1　列表

　　通过变量，我们就可以在程序内高效地使用值了，但在某些情况下还是会有些麻烦。比如要根据每个月的销售额进行一些分析时，如果像下面这样用变量定义每个月的数据，虽然没有什么问题，但是代码量太多，会让人觉得有些麻烦。

```
>>> price_1 = 50
>>> price_2 = 25
```

```
>>> price_3 = 30
>>> price_4 = 35
```

所以我们希望能够用一个变量来管理所有的数据。

　　名为**列表**（list）的 Python 数据类型就可以实现这个功能。列表的性质与其他语言中**数组**的性质类似。使用列表后，用一个变量就能实现上面的例子，重写后的代码如下所示。

```
>>> prices = [50, 25, 30, 35]
```

列表中的各元素可以用下面的方法获得。

```
>>> prices[0]
50
>>> prices[1]
25
```

表示相应元素是列表中第几个元素的数字称为**索引**。需要注意第一个元素的索引不是 1，而是 0。列表中的值不仅可以取出，也可以进行替换。

```
>>> prices[0] = 20
>>> prices[0]
20
```

　　列表内各元素的类型无须一致。另外，在列表中还可以嵌套列表。

```
>>> data = [1, 'string', [True, 2.0]]
```

上面代码中的 data[2] 是列表，用以下方法可以进一步取出其中的元素。

```
>>> data[2][0]
True
```

2.3.4.2　字典

　　我们通过索引来获取或者更新列表内的数据。这在管理有顺序的数据时非常有用，但在有些情况下，比如需要分析各区域的店铺及其销售数据时，如果使用列表，就需要记住哪个索引代表哪个店铺，或者专门对此加以定义。这样很容易发生混乱，如果能用方便识别的标识符来代替索引就更好了。

可以实现这一功能的就是**字典**（dict）。正如列表相当于其他语言的数组一样，字典相当于其他语言的**关联数组**和**哈希**，它通过**键**（key）和**值**（value）的组合来定义数据。

```
>>> sales = {'tokyo': 100, 'new york': 120, 'paris': 80}
```

字典 sales 有 3 个键 'tokyo'、'new york' 和 'paris'，每个键对应的值分别为 100、120 和 80。我们可以像下面这样访问其中特定的某个元素。

```
>>> sales['paris']
80
```

需要注意的是，与列表不同，字典中数据保存的顺序与定义时书写的顺序不一定相同。

```
>>> sales
{'new york': 120, 'paris': 80, 'tokyo': 100}
```

可以看出这里的顺序已经和定义时不一样了。

2.3.5 运算

2.3.5.1 运算符与操作数

我们已经在 Python 解析器上进行过简单的数值计算了。严格来说，让计算机进行计算的行为应该叫作**运算**。下面看一下简单的例子。

```
>>> 1 + 2
3
```

这就是让计算机进行了计算式 1 + 2 所表示的运算。

运算由**运算符**（operator）和**操作数**（operand）构成。运算符是计算式中使用的符号，表示进行什么样的运算。上述例子中的 "+" 就是运算符，表示进行 "加法" 运算。而操作数则是运算符进行计算的对象，例子中的 1 和 2 就是操作数。像这样有两个操作数时，在运算符左边的操作数叫作**左操作数**，右边的叫作**右操作数**。

2.3.5.2 算术运算的运算符

Python 中可以像 -1 + 2 或 -3 * 4 这样使用运算符进行计算，非常直观且易于理解。用于加法的"+"和用于乘法的"*"都是有两个操作数的典型的运算符。不过，除此之外还有其他的运算符。看一下 -1 和 -3，这里面也用到了运算符。负号（-）是进行"反转正负"运算的运算符。

像这样，既有操作数是一个的运算符，也有操作数是两个的运算符，前者叫作**单目运算符**，后者叫作**双目运算符**。这也就是说，我们可以认为所有的算术运算都由单目运算符和双目运算符组合而成。

表 2.1 是算术运算中使用的具有代表性的运算符。

表 2.1　具有代表性的运算符

运算符符号	示　例	说　明
+	+1	直接返回值
-	-1	反转值的正负
+	1 + 2	加法计算
-	1 - 2	减法计算
*	1 * 2	乘法计算
/	1 / 2	除法计算
**	10 ** 2	幂计算
%	4 % 3	求余数
//	4 // 3	返回除法计算结果的整数部分（舍去小数部分的除法）

2.3.5.3 赋值运算符

向变量赋值时使用的"="是"把右操作数的值赋给左操作数"的**赋值运算符**。当然也可以把包含变量的表达式赋给新变量。

```
>>> a = 1
>>> b = 2
>>> c = a + b + 1
>>> c
4
```

这段代码把右操作数 a + b + 1 的值赋给了左操作数 c。但是，赋值运算符只是用右操作数的值进行赋值，所以即使像下面这样修改了表达式内使用的变量 a 的值，c 的值也不会改变。

```
>>> a = 2
>>> c
4
```

这点需要大家注意。

如果大家理解了赋值运算符 "=" 的含义，应该可以知道下面这样的用法也没有问题。

```
>>> d = 5
>>> d = d + 1
```

这里把右操作数 d + 1 的值赋给了左操作数 d，所以结果如下所示。

```
>>> d
6
```

这种把原变量与其他值运算后得到的值重新赋值给原变量的做法，在深度学习以外的程序中也很常见。

在向同一个变量重新赋值时，如果变量名是像上面 d = d + 1 这样比较短的，写起来还比较容易，但如果是像下面这样很长的，写起来就很麻烦了。

```
>>> very_very_long_variable_name = very_very_long_variable_name + 1
```

这时可以使用**复合赋值运算符**——这是像下面这样，四则运算的运算符与赋值运算符连在一起的符号。

```
>>> d += 1
```

意思与 d = d + 1 完全相同。当然也有与其他四则运算连用的复合赋值运算符。

```
>>> d -= 2
>>> d *= 3
```

```
>>> d /= 4
```

这样程序整体就变得更简洁了。

2.3.6　基本结构

2.3.6.1　if 语句

　　用 Python 写的程序是按照书写顺序从上至下执行的，所以如果不做任何特殊处理，程序就只会按照事先确定好的内容执行。但在实际开发中，我们经常会碰到某个条件满足时才需进行处理的情况。这时，可以实现这种条件分支的就是 if 语句。我们来看一下例子。

```
a = 10

if a > 1:
    print("a > 1")
```

这段代码会输出 a > 1。不等号 ">" 是在左边的值比右边的值大时返回 True，否则返回 False 的关系运算符。就像这样，在 if 语句中 "条件表达式" 为 True 时，其中的 "处理A" 就会被执行。

```
if 条件表达式 :
    处理 A
```

把例子中的代码改为 a = -10 后再执行，就会发现什么输出都没有了。那么，要想在 a > 1 时沿用现在的处理，其他条件时则进行其他处理又该怎么做呢？这时可以像下面这样使用 else 语句。

```
a = -10

if a > 1:
    print("a > 1")
else:
    print("a <= 1")
```

执行这段代码可以得到 a <= 1。这种写法意味着在 a > 1 之外的所有情况下都执行 else 内的处理。如果除了 a > 1 之外，还想在其他条件，比如 a > -1 时也做一些处理，那么可以使用由 else 和 if 组合而成的 elif 语句。

```
a= 0

if a > 1:
    print("a > 1")
elif a > -1:
    print("1 >= a > -1")
```

这段代码的输出是 1 >= a > -1。需要注意的一点是，假如这里让 a = 2，那么只会输出 a > 1。虽然 a = 2 也满足 elif 里 a > -1 的条件，但是由于先匹配了 if 语句的条件，所以不会执行 elif 内的处理。

　　elif 还可以和其他的 elif 或 else 组合使用。

```
a = -2

if a > 1:
    print("a > 1")
elif a > -1:
    print("1 >= a > -1")
elif a > -3:
    print("-1 >= a > -3")
else:
    print("a <= -3")
```

这段代码里匹配的是第二个 elif，所以输出 -1 >= a > -3。

2.3.6.2　while 语句

　　if 语句在条件表达式为 True 时只会进行一次处理。与此相对，只要满足条件就会重复进行处理的是 while 语句。它的写法和 if 语句相同。

```
while 条件表达式：
    处理A
```

我们来看一下例子。

```
a = 5

while a > 0:
    print("a =", a)
    a -= 1
```

执行结果如下所示。

```
a = 5
a = 4
a = 3
a = 2
a = 1
```

也就是说，在 while 语句中，程序会在处理结束后再次检查条件表达式，然后重复执行处理，直到条件表达式为 False 为止。这里要注意的是，在实现时我们必须要保证条件表达式能够（在将来的某个时候）变为 False，否则 while 语句就会陷入永远都不会结束的无限循环中。拿上面的例子来说，如果忘记写 a -= 1，那么输出将一直是 a = 5，程序永远也不会从 while 语句中退出来了。这里还有一个办法，那就是在处理中写 break，从而强制退出循环。

```
a = 5

while a > 0:
    print("a =", a)
    a -= 1

    if a == 4:
        break
```

执行这段代码会得到下面的结果。

```
a = 5
```

可以看到，在 a == 4 时程序通过 break 语句退出了 while 循环。

　　while 语句也可以搭配 else 语句，当 while 的条件表达式为 False 时执行 else 语句。

```
a = 5

while a > 0:
    print("a =", a)
    a -= 1
else:
    print("end of while")
```

执行这段代码会得到下面的结果。

```
a = 5
a = 4
a = 3
a = 2
a = 1
end of while
```

2.3.6.3 for 语句

while 语句会在条件满足的情况下重复执行处理，与此相对，能根据事先决定好的次数循环处理的是 for 语句。for 语句的循环多与列表组合使用。

```
data = [0, 1, 2, 3, 4, 5]

for x in data:
    print(x, end=' ')
```

执行结果如下所示。

```
0 1 2 3 4 5
```

下面是 for 语句的基本形式。

```
for 变量名 in 列表：
    处理
```

和 while 语句一样，for 语句中碰到 break 也会强制退出循环。

```
data = [0, 1, 2, 3, 4, 5]

for x in data:
    print(x, end=' ')

    if x == 1:
        break
```

上面代码的执行结果如下所示。

```
0 1
```

　　另外，也可以对字典使用 for 语句。

```
data = {'tokyo': 1, 'new york': 2}

for x in data:
    print(x)
```

像这样用 for 的基本形式写好并执行后，结果如下所示。

```
tokyo
new york
```

可以看出变量里存的是键。如果想让键和值都作为变量来处理，需要在字典后写上 ".items()"。

```
data = {'tokyo': 1, 'new york': 2}

for key, value in data.items():
    print(key, end=': ')
    print(value)
```

执行代码，可查看如下结果。

```
tokyo: 1
new york: 2
```

2.3.7 函数

有了变量之后，我们就不用重复写同样的值，而是在需要的时候直接调用变量即可。同样的做法从值扩展到"处理"，那就是**函数**了。大家把它想象为数学中的函数也许会更容易理解。假如我们需要输出抛物线 $y = f(x) = x^2$ 在 $x = 1, 2, 3$ 时的值，如果不使用函数，写出的代码应该是这样的。

```
print(1 ** 2)
print(2 ** 2)
print(3 ** 2)
```

使用函数之后的代码则是这样的。

```
def f(x):
    print(x ** 2)
f(1)
f(2)
f(3)
```

通过定义函数 f(x)，把"接收 x，输出 $f(x)$ 的值"这个通用的处理整合到一起。这里的 x 称为**参数**。Python 函数的语法如下所示。

```
def 函数名（参数）:
    处理
```

调用函数时的写法是"函数名（值）"，例如 f(1)。

上面的例子只是把接收到的参数处理（平方）之后 print 出来，所以如果像下面这样以数学表达式的写法来写，

```
f(1) + f(2)
```

就会出现如下错误。

```
TypeError: unsupported operand type(s) for +: 'NoneType' and 'NoneType'
```

要想避免这个错误发生，需要将函数 f 写成"返回计算后的值"的形式。可以实现这个功能的就是 return。下面是修改后的函数 f，可以返回计算结果，而非输出。

```
def f(x):
    return x ** 2

print(f(1) + f(2))
```

函数返回的值称为**返回值**。当然也可以像 a = f(1) + f(2) 这样，把返回值赋给其他变量。

没有 return 的函数也就"没有返回值"，即返回 None，所以刚才的错误就是因为要执行 None + None 而发生的。

参数和返回值不限于一个，可以取任意多个。刚才举的例子是 $y = x^2$，现在我们来思考一下 $y = f(x) = ax^2$。其中要让系数 a 也可以自由设置，并且除了 $f(x)$ 之外还要返回 $f(x) = 2ax$ 的值。

```
def f(x, a):
    return a * x ** 2, 2 * a * x

y, y_prime = f(1, 2)

print(y)
print(y_prime)
```

如上所示，只要将多个参数和返回值排列在一起即可。

另外，参数还可以设置默认值。调用函数时，例如对于上面的 f(x, a) 函数调用 f(1) 时，程序会因为参数个数不一致而报错。

```
TypeError: f() missing 1 required positional argument: 'a'
```

不过如果像下面这样，事先让 f 的参数 a=2，那么调用 f(1) 时也可以得到调用 f(1, 2) 时的结果。

```
def f(x, a=2):
    return a * x ** 2, 2 * a * x
```

```
y, y_prime = f(1)

print(y)
print(y_prime)
```

使用函数就能把程序中需要重复的处理整合到一起，进而减少整体的代码量，让代码看起来更简洁。虽然前面举的例子都比较简单，但不管多么复杂的处理，只要尽量把其中通用的处理整合为函数，就能更加高效地实现它们。

2.3.8　类

通过把通用的值定义为变量、通用的处理定义为函数，我们已经能够去掉重复的代码。不只是 Python，在任何编程语言中，是否能够整合通用的部分，以及如何整合都是很重要的问题。但是，只是做到这一点还不够。比如我们想对同属一个行业的两家企业 A 和 B 进行简单的经营分析，具体情况如下所示。

- 已知销售额（sales）、成本（cost）、员工数（persons）
- 想知道利润（＝销售额 – 成本）是多少

简单实现该分析的方法如下所示。

```
company_A = {'sales': 100, 'cost': 80, 'persons': 10}
company_B = {'sales':  40, 'cost': 60, 'persons': 20}

def get_profit(sales, cost):
    return sales - cost

profit_A = get_profit(company_A['sales'], company_A['cost'])
profit_B = get_profit(company_B['sales'], company_B['cost'])
```

先定义用于保存企业数据的字典 company_A 和 company_B，再定义用于计算利润的函数 get_profit(sales, cost)，然后就可以得出企业 A 和企业 B（或其他任何企业）的利润了。

这样实现当然没有错，但如果企业的数量不断增加，比如还要分析企业 C 和企业 D 等的情况时，就不得不重复编写下面这样的处理了。这会非常麻烦，而且变量也要一个一个地去定义。

```
profit_X = get_profit(company_X['sales'], company_X['cost'])
```

　　可以解决这个问题的就是**类**。使用类就可以把上面例子中的"企业"这一通用部分提取出来。首先，我们来看看如何定义代表了企业 A 和企业 B 的**类**。

```
class Company:
    def __init__(self, sales, cost, persons):
        self.sales = sales
        self.cost = cost
        self.persons = persons

    def get_profit(self):
        return self.sales - self.cost

company_A = Company(100, 80, 10)
company_B = Company(40, 60, 20)
```

细节部分后面再介绍，先来看一下整体的结构。可以看出类就是函数的集合，不过类中的函数叫作**方法**，所以类的写法如下所示 ▶16。

```
class 类名：
    def 方法 A(self, 参数 A)：
        处理 A

    def 方法 B(self, 参数 B)：
        处理 B

    ...
```

　　Company 类有两个方法，其中 get_profit 与前面讲过的函数（几乎）相同，那么另外一个 __init__ 是做什么的呢？类的本质是通用的值或处理的集合，所以仅定义类的话，它依然是抽象的存在，只要不具体化，就不会生成实际要处理的数据。比如 Company 类中的以下特性是通用的，可以抽象地定义出来。

▶16　本书不涉及**类方法**或**静态方法**等不需要 self 参数的方法，只涉及需要 self 参数的一般的方法。

- 保存了销售额（sales）、成本（cost）、员工数（persons）的数据
- 能够根据销售额 – 成本计算利润

但是，如果要使用企业 A 和企业 B 的实际数据，就还需要在通用部分套用具体的数值。这种根据类实际生成的具体数据（company_A、company_B）叫作**实例**，而执行生成实例所需处理的就是 __init__，这叫作**构造方法**。也就是说，在生成实例时，值会被当作参数传给 __init__，然后自动进行初始化处理。

构造方法内的 self.sales、self.cost、self.persons 是**实例变量**，这些就是每个实例中对应"通用特性"的具体值。self 指的是实例本身，比如 self.sales 就可以理解为"实例本身的 sales 的值"。由于任何方法都可以访问实例变量，所以 get_profit 的参数中不需要定义 sales 和 cost。

我们可以通过"实例 . 变量名"以及"实例 . 方法名 ()"从已定义（实例化）的实例访问各自的实例变量和方法。因为 company_A 是实例，所以执行下面这段代码，

```
print(company_A.sales)
print(company_A.get_profit())
```

可以得到以下结果。

```
100
20
```

此外，值的更新也可以通过实例进行。

```
company_A.sales = 80
print(company_A.sales)
```

可以看到，值确实被修改了。

```
80
```

使用类，就能把通用的代码依次抽取出来，不过重要的还是"如何去定义类"。如果定义了一个巨大的类，那就和不使用类的实现没什么区别了。类是"最小组成单位的设计说

明书",所以我们应该把类进行分割,尽可能地压缩每个类的功能,只有在需要这个最低限度的功能时才生成实例。在深度学习的模型中也一样,如果能很好地把通用部分抽取为类,就可以让实现更有效率。

2.3.9 库

前文讲解了 Python 的基础知识,并且多次强调了把通用的处理抽取为函数或类对于高效实现的重要性。而**库**就是让我们能够以更加通用的形式来调用函数或类的存在。

比如,数学中具有代表性的函数就被集中定义在 math 库里。在我们需要用到三角函数或指数函数时,如果不使用库,就需要自己去实现 $\sin(x)$ 和 $\cos(x)$,而如果使用库,只需如下调用即可。

```
>>> import math
>>> math.sin(0)
0
```

在使用库时,需要像上面那样以 "import 库名" 的形式来写,或者也可以像下面这样写成 "import 库名 as 别名" 的形式。

```
>>> import math as m
>>> m.sin(0)
```

这样写可以用别名来代替库名,在库名较长时很方便。

另外还有一种调用库的方法。

```
>>> from math import sin
>>> sin(0)
```

以 "from 库名 import 方法名" 的形式,可以直接写上方法名。上面代码里写的是 import sin,所以只能用 sin 方法,但如果像下面这样在 import 后连续写多个方法名,就可以调用其他想要使用的方法了。

```
>>> from math import sin, cos
>>> sin(0) + cos(0)
```

想要导入库提供的所有方法时，可以像下面这样使用**通配符** (*)。

```
>>> from math import *
```

Python 的基础知识就介绍到这里。前面也说过，这里介绍的只是关于 Python 我们需要了解的最基础的内容。对于没有介绍到的内容，大家可以自行参考 Python 官网上的文档教程，或许还能进一步加深对 Python 的理解。

2.4　NumPy

Python 中有很多易用的库，其中 **NumPy** 库更是在进行数值计算和科学计算时不可或缺的存在。特别是在深度学习领域中频繁使用的线性代数的实现和运算上，使用 NumPy 能够事半功倍。接下来我们从基础知识开始详细地了解 NumPy 的用法，掌握把表达式变为代码的方法。

如果已经安装了 Anaconda，那么 NumPy 也应该一起被安装了。请先写下下面这行代码。

```
import numpy as np
```

后面讲解时这行代码会省略，不再赘述。

2.4.1　NumPy 数组

Python 中有一种名为列表的数据类型。假设我们定义了如下列表。

```
>>> a = [1, 2, 3]
```

这个列表是 3 个数字的排列，可以看作"三维向量"。同理，下面的列表可以看作 2×3 矩阵。

```
>>> B = [[4, 5, 6], [7, 8, 9]]
```

也就是说，想要处理向量和矩阵时，可以先定义与其形式相对应的列表（数组），然后再进行计算。

当然也可以直接使用列表来计算，但是用列表进行线性代数运算很麻烦。比如下面这个例子。

```
>>> I = [[1, 0], [0, 1]]
>>> C = [[1, 2], [3, 4]]
```

因为（想要）定义的是单位矩阵 *I* 和矩阵 *C*，所以在计算 I+C 的和时，理想的结果是得到由各个元素之和组成的矩阵（列表）。但实际计算后发现返回的结果竟然只是将列表连接了起来。

```
>>> I + C
[[1, 0], [0, 1], [1, 2], [3, 4]]
```

如果真的要计算和，要么通过 for 语句等分别计算各元素的和，要么考虑定义 matrix_add() 函数，通过 matrix_add(I, C) 进行计算。只是这两种方式都不够直观。

　　而如果使用 NumPy，就能够以"表达式所见即所得"的方式实现大多数情况。NumPy 用于计算的不是列表，而是名为 **NumPy 数组**的专用对象。虽然听上去有些复杂，但实际上创建数组非常简单，像下面这样向 np.array() 提供一个列表参数即可。

```
>>> I = np.array([[1, 0], [0, 1]])
>>> C = np.array([[1, 2], [3, 4]])
```

我们来看一下 I 和 C。

```
>>> I
array([[1, 0],
       [0, 1]])
>>> C
array([[1, 2],
       [3, 4]])
```

可以看到显示的类型是 array，的确与列表不同。使用数组就可以像下面这样直观地进行计算了。

```
>>> I + C
```

```
array([[2, 2],
       [3, 5]])
```

像这样灵活地使用 NumPy 数组，就能在实现包括线性代数在内的所有数值计算时事半功倍。在深度学习领域经常会出现矩阵和向量的计算，所以对 NumPy 数组的理解和使用也是必不可少的。

2.4.2　使用 NumPy 进行向量和矩阵的计算

使用 NumPy，不仅可以进行向量之间、矩阵之间的四则运算，还可以简化在第 1 章出现过的计算。马上来看一下例子吧。首先是向量和与标量倍数的计算。

```
>>> a = np.array([1, 2, 3])
>>> b = np.array([-3, -2, -1])
>>> a + b
array([-2, 0, 2])
>>> 3 * a
array([3, 6, 9])
```

至于乘积，直接写 a*b 就能得到向量的元素积。

```
>>> a * b
array([-3, -4, -3])
```

与此相对，如果要计算内积，则使用 np.dot()。

```
>>> np.dot(a, b)
-10
```

矩阵的计算方法与向量相同。

```
>>> A = np.array([[1, 2, 3], [4, 5, 6]])
>>> B = np.array([[-3, -2, -1], [-6, -5, -4]])
>>> A + B
array([[-2, 0, 2],
       [-2, 0, 2]])
>>> 3 * A
```

```
array([[ 3,  6,  9],
       [12, 15, 18]])
```

NumPy 中矩阵的 "乘积" 和向量一样，结果是由各元素简单相乘的值组成的元素积。

```
>>> A * B
array([[ -3, -4, -3],
       [-24, -25, -24]])
```

而数学中的矩阵乘积实际则由各个矩阵中行向量和列向量的内积组成。所以在计算矩阵乘积时，需要使用 np.dot()。不过上述例子中的 A 和 B 都是 2×3 矩阵，所以直接计算它们的乘积会出现错误。

```
>>> np.dot(A, B)
Traceback (most recent call last):
  File "<stdin>", line 1, in <module>
ValueError: shapes (2,3) and (2,3) not aligned: 3 (dim 1) != 2 (dim 0)
```

可以计算矩阵 A 的转置矩阵和矩阵 B 的乘积。求转置矩阵的写法是 A.T。

```
>>> A.T
array([[1, 4],
       [2, 5],
       [3, 6]])
>>> np.dot(A.T, B)
array([[-27, -22, -17],
       [-36, -29, -22],
       [-45, -36, -27]])
```

NumPy 的向量（一维数组）中，行向量和列向量是没有区别的。例如下面这个例子，A 是 2×2 矩阵，b 是 2×1 向量，数学上可以计算 Ab，却不能计算 bA，需要转为 $b^{\mathrm{T}}A$ 才能计算。

$$A = \begin{pmatrix} 1 & 2 \\ 3 & 4 \end{pmatrix}, \ b = \begin{pmatrix} -1 \\ -2 \end{pmatrix} \tag{2.1}$$

我们当然可以严格按照数学上的表达式来进行计算。

```
>>> A = np.array([[1, 2], [3, 4]])
>>> b = np.array([-1, -2])
>>> np.dot(A, b)
array([ -5, -11])
>>> np.dot(b.T, A)
array([ -7, -10])
```

但是由于行向量和列向量没有区别，所以可以直接进行以下计算，而不需要进行 b.T。

```
>>> np.dot(b, A)
array([ -7, -10])
```

在深度学习中，像这样计算矩阵和向量乘积的情况有很多，不要被搞糊涂了。

2.4.3 数组和多维数组的生成

　　NumPy 有多个用于数组初始化的方法。通过这些方法，我们可以做很多处理，诸如先创建一个所有元素都是 0 的向量（数组），之后再更新特定位置的元素值等。典型的初始化方法有 np.zeros() 和 np.ones()，前者可以生成所有元素都是 0 的数组（向量），后者可以生成所有元素都是 1 的数组（向量）。

```
>>> np.zeros(4)
array([ 0., 0., 0., 0.])
>>> np.ones(4)
array([ 1., 1., 1., 1.])
```

当然，这里生成的是普通的 NumPy 数组，所以可以计算数组的标量倍数。

```
>>> np.ones(4) * 2
array([ 2., 2., 2., 2.])
```

另外，用 np.arange() 可以生成具有一定范围的数组。

```
>>> np.arange(4)
array([0, 1, 2, 3])
```

像这样只有一个参数时，会生成一个从 0 开始到（收到的参数值 - 1）为止，每个元素值都是前一个元素值加 1 的数组。如果有两个参数，则可以确定数组最开始的值和最后的值。

```
>>> np.arange(4, 10)
array([4, 5, 6, 7, 8, 9])
```

如果参数再增加一个，就可以像下面这样，将值的间隔设置为 1 以外的数值。

```
>>> np.arange(4, 10, 3)
array([4, 7])
```

　　灵活使用 NumPy 的方法，不仅可以简化向量（一维数组）的初始化，还可以简化矩阵（多维数组）的初始化。例如想生成一个 2×3 的零矩阵时，就可以向下面这样使用 np.reshape() 把一维数组变形为多维数组。

```
>>> np.zeros(6).reshape(2, 3)
array([[ 0., 0., 0.],
       [ 0., 0., 0.]])
```

NumPy 也有直接生成矩阵的方法。例如使用 np.identity() 就可以生成正方矩阵。

```
>>> np.identity(3)
array([[ 1., 0., 0.],
       [ 0., 1., 0.],
       [ 0., 0., 1.]])
```

2.4.4　切片

　　在 NumPy 中，获取数组中的各元素或者部分数组也是很简单的，基本上用与普通列表相同的方式就能实现。

```
>>> a = np.arange(10)
>>> a[0]
0
>>> a[-1]
9
```

获取部分数组的写法是"a[最开始的索引：最后的索引 +1]"。

```
>>> a[1:5]
array([1, 2, 3, 4])
```

如果像下面这样只写最开始的索引，返回的就是包括了剩余所有元素的部分数组。

```
>>> a[5:]
array([5, 6, 7, 8, 9])
```

与之相反，也可以像下面这样省略最开始的索引，这相当于将最开始的索引写为 0。

```
>>> a[:5]
array([0, 1, 2, 3, 4])
```

　　此外，NumPy 还支持一种叫作**切片**（slice）的操作，可以更灵活地获取元素。

```
>>> a[1:5:2]
array([1, 3])
```

像上面这样指定第三个参数后，就可以变更获取元素的间隔（与 np.arange() 的参数相同）。应用这个特性，就可以像下面这样得到与原来的数组顺序相反的数组。

```
>>> a[::-1]
array([9, 8, 7, 6, 5, 4, 3, 2, 1, 0])
```

　　上面看的都是一维数组的例子，NumPy 也支持对多维数组进行同样的操作。

```
>>> B = np.arange(1, 7).reshape(2, 3)
>>> B
array([[1, 2, 3],
       [4, 5, 6]])
```

这时由于 B 是二维的，所以下面的操作得到的是与原数组相同的数组。

```
>>> B[:2]
array([[1, 2, 3],
       [4, 5, 6]])
```

另外，通过下面的代码可以获取各子数组的元素。

```
>>> B[:2, 0]
array([1, 4])
```

第二个值表示的是要获取 B[:2] 数组的第几个元素，若把代码中的 0 替换为切片操作，会得到如下结果。

```
>>> B[:2, ::-1]
array([[3, 2, 1],
       [6, 5, 4]])
```

获取数组元素的代码可能不太容易理解，尤其是在多维数组的情况下，但熟练掌握之后可有助于减少代码量，进而提升程序的处理速度，所以请务必灵活应用它。

2.4.5 广播

在 NumPy 中，可以直接计算数组之间的和与积。

```
>>> a = np.array([1, 2, 3])
>>> b = np.array([4, 5, 6])
>>> a + b
array([5, 7, 9])
>>> a * b
array([ 4, 10, 18])
```

但这有一个默认的前提，即各个数组的大小是相同的。那么，大小不同的情况该如何处理呢？在 NumPy 中，大小不同的数组之间也可以进行计算，使用的方法叫作**广播**（broadcasting）。最简单的例子就是数组和标量的计算。

```
>>> a = np.array([1, 2, 3])
>>> b = 2
```

```
>>> a + b
array([3, 4, 5])
>>> a * b
array([2, 4, 6])
```

我们可以把它看作把标量 b 扩展到与数组 a 相同的大小之后再进行的计算。

维度增加了也没关系，同样可以得到结果。

```
>>> a = np.array([[1, 2], [3, 4]])
>>> b = 1
>>> a + b
array([[2, 3],
       [4, 5]])
```

如果维度小的一方是数组，也可以根据维度大的一方来调整大小，然后再进行计算。

```
>>> c = np.array([5, 6])
>>> a + c
array([[ 6, 8],
       [ 8, 10]])
```

以上就是有关广播的基础知识，应用这个功能，就可以轻松计算向量的外积等。例如，使用 np.newaxis 就可以把原来的数组由行向量转成对应的列向量。

```
>>> a = np.array([1, 2, 3])
>>> a[:, np.newaxis]
array([[1],
       [2],
       [3]])
```

这样处理之后，就可以计算外积了 ▶17。

```
>>> a[:, np.newaxis] * a
array([[1, 2, 3],
       [2, 4, 6],
       [3, 6, 9]])
```

▶17 不过，向量的外积也可以通过 np.outer() 求得。

这里的乘法运算得到的是外积，而减法运算能够得到所有元素的组合的差。有了广播机制后，可以很方便地进行各种计算。

2.5　面向深度学习的库

到目前为止，我们学习了 Python 的基础知识，以及可以高效进行线性代数等数值计算的 NumPy 库的用法。从下一章开始我们将了解深度学习的基础结构——神经网络的理论和实现。作为在此之前的最后一个准备，本节我们来设置一下面向深度学习的库吧。至于库具体的使用方法，我们将在下一章通过实际的实现来了解。

2.5.1　TensorFlow

TensorFlow [18], [19] 是在 2015 年 11 月由谷歌开源的库，多用于神经网络（深度学习），但也可用于其他算法。它主要有以下 3 个优点。

- 能够按照数学表达式实现模型，因此可以直观地编写代码
- 对部分模型实现了函数化，不需要编写复杂的代码
- 模型训练所需的数据加工处理也实现了函数化

不过，模型的一些数学表达式还是需要我们自己去写，所以如果没有真正地理解模型，就无法进行实现（但是只要认真阅读本书，在理解上就不会有什么问题）。

那么，我们就来看一下 TensorFlow 的安装方法 [20]。2017 年 1 月时的最新版本是 0.12，从该版本开始 TensorFlow 将全面支持 Windows、Mac 和 Linux 的操作系统，安装也变得简单。接着在 2017 年 2 月，TensorFlow 又发布了 1.0 版，本书使用的正是这个版本。如果大家已经安装了 Anaconda，那么 Python 库管理工具 pip 应该也一起安装好了。使用 pip 工具，执行 pip install <库名>，即可安装所需的库（前提是该库支持 pip 安装）。TensorFlow 也可通过 pip 安装，不过我们首先要把 pip 更新到最新版本。

---

[18] https://www.tensorflow.org/

[19] TensorFlow 中的 "Tensor" 代表了数学上的**张量**。这是向量和矩阵概念的扩展，表示的是**阶数**的概念和数量，比如标量是 0 阶的张量，向量是 1 阶的张量，矩阵是 2 阶的张量。一般的神经网络中需要计算的向量最多到 2 阶，但如果是处理时间序列数据等情况，就需要计算 3 阶（以上）的张量了。不过，在实现上我们只需知道 "n 维数组表示为 n 阶张量" 即可。

[20] 详细的安装方法汇总在 TensorFlow 官网的安装页面上（https://www.tensorflow.org/install/），如果安装过程中出现错误请参考该网页。

2

```
$ pip install --upgrade pip
```

之后执行以下命令，即可完成安装。

```
$ pip install tensorflow
```

如果使用的机器有 GPU，那么可以用以下命令进行安装。这样一来，在 GPU 环境下也可以轻松使用 TensorFlow 了[21]。

```
$ pip install tensorflow-gpu
```

接下来确认一下 TensorFlow 是否已安装成功。启动 Python 解释器，输入以下命令。

```
>>> import tensorflow as tf
```

如果没有出现任何错误，就说明安装完成了。

2.5.2　Keras

Keras[22] 是 TensorFlow（和 Theano[23]）的封装库，因为容易上手而非常流行。使用 TensorFlow 时部分模型的设计需要我们自己按照数学公式去实现，而 Keras 连这部分都准备好了方法，让我们可以更加轻松地编写模型。所以想要立即进行一些简单的实验时，使用 Keras 就会非常方便（当然在一般的实验中使用也没有问题）。

Keras 的安装和 TensorFlow 的一样，也可以通过 pip 进行。

```
$ pip install keras
```

启动 Python 解释器，如果输入命令并得到下面的输出，就说明安装完成了。

---

[21] GPU 环境的设置方法也汇总在其官网的下载和安装页面上。本书不涉及 GPU 环境的使用等内容，如果读者想在 GPU 环境上运行 TensorFlow，请参考官网。

[22] https://keras.io/

[23] Theano 也是帮助我们简化深度学习开发的数值计算库。用 pip 安装 Keras 时，Theano 也会被安装。本书涉及 Theano 的内容很少，不过下一节将会简单地介绍一下，以供大家参考。

```
>>> import keras
Using TensorFlow backend.
```

如果表示的消息不是 Using TensorFlow backend.，而是 Using Theano backend.，那么请查看一下用户主目录下路径为 ~/.keras/keras.json 的文件，里面应该有下面这行代码。

```
"backend": "theano"
```

将其修改成下面这样，就可以通过 TensorFlow 执行 Keras 了。

```
"backend": "tensorflow"
```

2.5.3 ⊕ 参考 Theano

Theano ▶[24] 是提高数值计算效率的 Python 库。深度学习刚刚普及的时候，网上有一篇名为 *Deep Learning Tutorials* ▶[25] 的文献。这篇可以说是把深度学习的理论和实现总结得最好的文献了，文中在实现模型时使用的就是 Theano 框架。Theano 有以下两个特点。

- 通过自动生成和编译 C 语言代码来提高运行速度
- **自动微分**

而且与 TensorFlow 和 Keras 一样，它也支持 GPU 环境。顾名思义，自动微分指的是自动分析和计算函数的微分表达式。比如有函数 $f(x) = x^2$，如果要用到它的导函数，就必须得像下面这样另外进行定义。

```
def f(x):
    return x ** 2

def f_deriv(x):
    return 2 * x
```

这意味着在定义导函数之前，还需要我们先求出函数的导函数。但如果用的是 Theano，就

▶24　http://deeplearning.net/software/theano/

▶25　http://deeplearning.net/tutorial/

不必自己去求导函数了。

Theano 的用法有些特别，所以在了解自动微分之前，我们先来看一下 Theano 的基础知识。首先像下面这样导入需要用到的各个库。

```
>>> import numpy as np
>>> import theano
>>> import theano.tensor as T
```

Theano 把表示向量、矩阵和标量的变量全部作为**符号**（symbol）来处理。比如用如下代码就可以生成名为 x 的符号，用来表示浮点数类型的标量。

```
>>> x = T.dscalar('x')
```

dscalar 中的 d 是 double（浮点数）的首字母。同理，也可以用 iscalar 生成整数类型的标量，以及分别用 dvector() 和 dmatrix() 生成向量和矩阵。通过生成的符号，我们可以定义数学表达式。

```
>>> y = x ** 2
```

上面的表达式定义的就是 $y = x^2$。

不过，只是用符号定义了数学表达式是不能进行计算的，还需要为表达式生成相应的函数。这就要用到 theano.function() 了，方法如下所示。

```
>>> f = theano.function(inputs=[x], outputs=y)
```

每次运行时都会花一些时间，这是因为在调用 theano.function() 时，内部会编译与表达式相对应的代码。Inputs 是对应函数输入的符号；outputs 是对应函数输出的符号。在这样定义并生成函数之后，就可以像下面这样随时调用函数了。

```
>>> f(1)
array(1.0)
>>> f(2)
array(4.0)
```

```
>>> f(3)
array(9.0)
```

需要注意的是函数的返回值是 NumPy 数组（这个例子中是零维数组）。

参数是向量时的实现方法和是标量时的一样。

```
>>> x = T.dvector('x')
```

将向量的符号命名为 x，即可写出和参数为标量时一样的代码。

```
>>> y = x ** 2
>>> f = theano.function(inputs=[x], outputs=y)
>>> a = np.array([1, 2, 3])
>>> f(a)
array([ 1., 4., 9.])
```

理解了符号和函数之后，就可以实现自动微分了。首先进行如下定义。

```
>>> x = T.dscalar('x')
>>> y = x ** 2
```

然后只需用 T.grad() 即可得到 y 的微分。

```
>>> gy = T.grad(cost=y, wrt=x)
```

这里的参数 cost 表示要进行微分的函数，wrt 表示要求微分的变量[26]。接下来使用 theano.function() 为 gy 生成实际的函数。

```
>>> g = theano.function(inputs=[x], outputs=gy)
```

用这个函数进行一些测试，可以看出确实是根据导函数 $f'(x) = 2x$ 计算出的结果。

```
>>> g(1)
```

---

[26] wrt 指的是数学等领域常用的 w.r.t（with regard to，关于、至于）。

```
array(2.0)
>>> g(2)
array(4.0)
>>> g(3)
array(6.0)
```

如果只是进行简单的处理，使用 Theano 反而会增加代码量，徒增麻烦，但函数越复杂，使用 Theano 带来的好处就越多。

2.6 小结

　　本章作为深度学习开发前的准备，涵盖了 Python 环境的搭建、Python 的基础知识、典型库的使用方法等内容。我们从数据类型、变量等 Python 中最基础的知识开始，依次学习了切片、广播以及 NumPy 库等的用法。

　　从下一章开始，我们将学习深度学习的理论和实现。首先来深入地了解一下深度学习的基础结构——神经网络的基础知识吧。

第**3**章

神经网络

从本章开始，我们将学习深度学习的核心——神经网络。首先来了解一下什么是神经网络，以及神经网络都有什么算法。本章将介绍的算法有以下 4 种。

- 简单感知机
- 逻辑回归
- 多分类逻辑回归
- 多层感知机

这些算法都是深度学习基础中的基础，是在理解深度学习时不可或缺的知识。本章会依次讲解这些算法，请大家务必理解透彻。

3.1 什么是神经网络

3.1.1 脑和神经元

神经网络（neural network）是人工智能领域几种算法中的一种，它最大的特征是"模拟了人脑的结构"。人脑由名为**神经元**（neuron）的神经细胞构成，"神经网络"这个词也源自神经元。那么为什么要叫神经"网络"呢？因为人脑是由神经元的网络构成的。约 140 亿神经元在人的大脑皮质构成了巨大的网状结构。通过神经元之间的信息传递，人才能识别事物和处理信息。

神经元之间通过电信号来传递信息。神经元接收了来自其他（多个）神经元的电信号后，在内部积累电信号，当累积量超过一定阈值时，就向下一个神经元发送电信号。图 3.1 是神经元之间传递信息的概略图。电信号会在神经元的网络中漫游，但由于各神经元之间结合的紧密程度不同，所以每个神经元接收到的电信号的量也不同，进而使得整个网络的电信号的传递方式也变得不同。正是由于这个不同，人才能识别不同的模式。

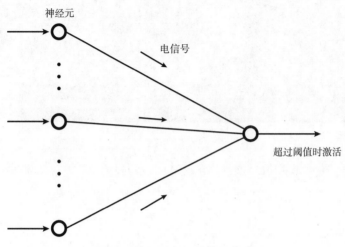

图 3.1　神经元之间的信号传递

3.1.2　深度学习和神经网络

人脑中的神经元呈网状分布，"神经网络"这个算法就是因模拟这个网络的结构而得名。不过人脑的结构极其复杂，所以如何把人脑结构模型化是实际设计神经网络算法时的关键。而且，还必须要考虑如何把神经元之间电信号的传播模型化。当然仅仅做到这些还不够，因为虽说神经元之间有电信号的交互，但在网络内电信号并不是无差别送出的。我们需要先知道神经元网络是什么样的结构，然后再进行模型化。

虽然人们还没有完完全全地搞清楚人脑的全部奥秘，不过已经知道在神经元的网络中，信号是被分层处理的。图 3.2 就是分层处理的概略图。以人类视觉系统的处理为例，从视网膜得到的信息首先会被传到处理点的神经元层，之后这一层输出的电信号会被传到处理线的神经元层，接着再传到处理整体轮廓的层、处理更细致部分的层，等等。最终人脑就可以识别出我们平时所熟悉的"狗""猫"等模式。

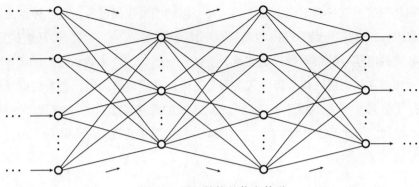

图 3.2 层级结构的信息传递

　　深度学习基本上指的就是把这种（深的）层级结构进行了模型化的神经网络。上面的内容看上去不难，但在实际模型化的过程中有很多事情需要考虑。尤其是要把模型设计为多少层这一问题，在深度学习出现之前是一个很大的难题。学习深度学习的过程，也是了解神经网络是如何发展起来的过程。我们首先从简单网络的模型化开始学起，然后再慢慢过渡到复杂（深层）网络的模型化。

3.2　作为电路的神经网络

3.2.1　简单的模型化

　　前面讲过，神经元是通过电信号向其他神经元传递信息的。人脑内的神经元网络里有电信号游走，也就是说人脑形成了电路。神经元在接收到超过一定阈值的电信号之后，就会激活，然后向下一个神经元发送电信号，这一机制控制了电路中的电流。

　　先来思考一个简单的例子：某个神经元从两个神经元那里接收了电信号[1]。我们必须要考虑的问题有以下 3 点。

- 分别从两个神经元接收多少电信号
- 阈值应设置为多少
- 超过阈值时需发送多少电信号

[1] 神经网络模型中的"神经元"是对人脑内（或者说生物学上的）神经元的一个简化概念，所以为了严格区分，人们一般称之为**单元**（unit）。不过本书为了方便理解，在神经网络模型的语境下也使用"神经元"这个词。

思考这些问题的过程就相当于把（简单的）神经网络模型化的过程，我们先来画一下示意图吧。请看图 3.3。按照电信号流向的先后顺序，先从左边的两个神经元开始思考。这两个神经元接收到的电信号的量本身也是变量，所以分别用 x_1、x_2 来表示它们的值。另外，这两个神经元相当于信息的入口（即输入）部分，所以这里没有阈值，会直接向后面的神经元传递信号（信息）。不过，由于各神经元之间连接的紧密程度不同，实际能传播的电信号的量也不尽相同。因此，这里用 w_1、w_2 来表示连接的紧密程度，那么从两个神经元传来的电信号的总量如下所示。

$$w_1 x_1 + w_2 x_2 \tag{3.1}$$

这里的 w_1、w_2 称为网络的**权重**。

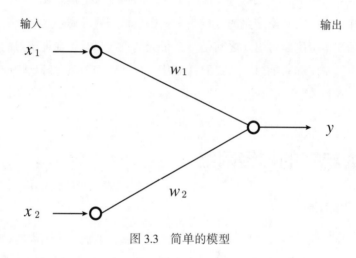

图 3.3　简单的模型

收到电信号的神经元是否能进一步向下一个神经元传递电信号（是否激活），取决于收到的电信号的量是否超过阈值。因此，设阈值为 θ 后问题就可以描述为 "神经元是否激活取决于条件 $w_1 x_1 + w_2 x_2 \geqslant \theta$ 是否满足"。至于神经元激活时向下一个神经元传递多少电信号，这是由网络的权重决定的，所以我们只考虑神经元是 + 1（激活了）还是 0（不激活）即可。

根据以上信息，设最终能够从神经元得到的电信号的量（即输入）为 y，那么下式成立。

$$y = \begin{cases} 1 & (w_1 x_1 + w_2 x_2 \geqslant \theta) \\ 0 & (w_1 x_1 + w_2 x_2 < \theta) \end{cases} \tag{3.2}$$

这样就完成了简单的模型化。只要适当地设置网络的权重 w_1、w_2 以及阈值 θ，那么与输入 x_1、x_2 相对应的输出 y 的值，就应该与实际在脑内传播的电信号的量相同。无论神经网络的形式变得多么复杂，这个方法基本上都是可以使用的。

3.2.2　逻辑电路

3.2.2.1　逻辑门

人脑是使用模拟值（连续值）来处理信息的。这也就是说，脑内的神经电路是**模拟电路**。而构成了机器的电子电路中，除了模拟电路之外还有**数字电路**。有了数字电路，人们就可以把自然界的信息通过数字（0 或 1）来处理，这比直接用模拟信号处理的效率高很多。

数字电路中，要想控制信号 0 或 1 的输入和输出，需要用到名为**逻辑门**的电路。我们先来看一下 3 种基本的逻辑门电路，其他详细信息将在后文介绍。

1. 与门（AND gate，逻辑与）

2. 或门（OR gate，逻辑或）

3. 非门（NOT gate，逻辑非）

通过组合这 3 种基本的门电路，可以实现所有输入 / 输出的模式。通过神经网络进行信息处理，是一种让机器代替人类处理信息的尝试，能否实现逻辑门的结构是关键。前面完成模型化的表达式是对人脑的模拟，不管是模拟电路还是数字电路应该都可以支持。下面我们就依次看一下神经网络是如何去实现这 3 种逻辑门的吧。

3.2.2.2　与门

与门也被称为逻辑与，电路符号如图 3.4 所示。

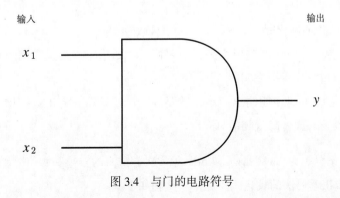

图 3.4　与门的电路符号

与门的输入有 2 个，输出有 1 个，只有在 2 个输入都为 1 时输出 1，否则输出 0。表 3.1 是各种输入 / 输出情况的汇总。

表 3.1　与门的输入 / 输出

x_1	x_2	y
0	0	0
0	1	0
1	0	0
1	1	1

与门的网络（电路）在形式上和前面得到的简单模型相同（都是 2 个输入、1 个输出），所以要使用神经网络实现与门，只需确定式 (3.3) 中能够满足所有 (x_1, x_2, y) 组合的 (w_1, w_2, θ) 即可。

$$y = \begin{cases} 1 & (w_1 x_1 + w_2 x_2 - \theta \geq 0) \\ 0 & (w_1 x_1 + w_2 x_2 - \theta < 0) \end{cases} \tag{3.3}$$

那么，该如何去求 (w_1, w_2, θ) 呢？如果运气好，也许随意地选择一组值就能满足需求，比如让 $(w_1, w_2, \theta) = (2, 1, 3)$，但大多数情况下都不会这么幸运。如果采用随意选一组值实验的方法，那就要根据得到的输出和正确输出之间的误差去修正实验值。比如让 $(w_1, w_2, \theta) = (1, 1, 0)$，那么在 $(x_1, x_2) = (0, 0)$ 时根据 $1 \cdot 0 + 1 \cdot 0 - 0 = 0$ 得到输出为 $y = 1$，但正确结果应该是 $y = 0$。这是误激活导致的误差，说明现在处于结合程度过于紧密或者阈值过小的状态，所以可以通过减小权重（如果输入是正数）或者增加阈值来缩小输出。

像这样，尝试输入不同组合的参数 (w_1, w_2, θ)，如果输出有误就对参数进行修正，使输出慢慢接近正确状态的方法叫作**误差修正学习法**。为了避免混乱，设正确的输出为 t，模型的输出则还是 y，那么该方法的规则可以汇总如下。

- 当 $t = y$ 时说明输出是正确的，不需要进行修正
- 当 $t = 0$、$y = 1$ 时说明输出太大，需要修正。如果输入为正数则降低权重，为负数则增大权重。或者提高阈值
- 当 $t = 1$、$y = 0$ 时说明输出太小，需要修正。如果输入为正数则增大权重，为负数则降低权重。或者降低阈值

令修正值的变化量分别为 Δw_1、Δw_2 和 $\Delta \theta$，第 k 次尝试时的权重和阈值分别为 $w_1^{(k)}$、$w_2^{(k)}$ 和 $\theta^{(k)}$，那么误差修正学习法的表达式（之一）整理如下。

$$\Delta w_1 = (t - y)x_1$$
$$\Delta w_2 = (t - y)x_2 \tag{3.4}$$
$$\Delta \theta = -(t - y)$$

$$w_1^{(k+1)} = w_1^{(k)} + \Delta w_1$$
$$w_2^{(k+1)} = w_2^{(k)} + \Delta w_2 \tag{3.5}$$
$$\theta^{(k+1)} = \theta^{(k)} + \Delta \theta$$

对第 k 次尝试的值进行修正，然后再进行第 $k+1$ 次尝试，不断重复直到无须修正为止（即所有参数的组合能够得到正确的输出为止）。那么，下面就来看一下使用这些表达式能否真正地实现与门。首先任意选一个值，这里就从 $(w_1, w_2, \theta) = (0, 0, 0)$ 开始尝试。实验结果如表 3.2 所示。

表 3.2　对与门实行误差修正学习法

k	x_1	x_2	t	w_1	w_2	θ	y	$t-y$	Δw_1	Δw_2	$\Delta \theta$
1	0	0	0	0	0	0	1	−1	0	0	1
2	0	1	0	0	0	1	0	0	0	0	0
3	1	0	0	0	0	1	0	0	0	0	0
4	1	1	1	0	0	1	0	1	1	1	−1
5	0	0	0	1	1	0	1	−1	0	0	1
6	0	1	0	1	1	1	1	−1	0	−1	1
7	1	0	0	1	0	2	0	0	0	0	0
8	1	1	1	1	0	2	0	1	1	1	−1
9	0	0	0	2	1	1	0	0	0	0	0
10	0	1	0	2	1	1	1	−1	0	−1	1
11	1	0	0	2	0	2	1	−1	−1	0	1
12	1	1	1	1	0	3	0	1	1	1	−1
13	0	0	0	2	1	2	0	0	0	0	0
14	0	1	0	2	1	2	0	0	0	0	0
15	1	0	0	2	1	2	1	−1	−1	0	1
16	1	1	1	1	1	3	0	1	1	1	−1
17	0	0	0	2	2	2	0	0	0	0	0
18	0	1	0	2	2	2	0	−1	0	−1	1
19	1	0	0	2	1	3	0	0	0	0	0
20	1	1	1	2	1	3	1	0	0	0	0
21	0	0	0	2	1	3	0	0	0	0	0
22	0	1	0	2	1	3	0	0	0	0	0
23	1	0	0	2	1	3	0	0	0	0	0
24	1	1	1	2	1	3	1	0	0	0	0

顾名思义，误差修正学习法就是直到得到正确结果为止不断进行尝试，在尝试的过程中让网络进行**学习**（训练网络）。最终得到的学习结果是 $(w_1, w_2, \theta) = (2, 1, 3)$，将它代入表达式之后如下所示。

$$2x_1 + x_2 - 3 = 0 \tag{3.6}$$

可以看出这个表达式决定了神经元是否激活的分界线。在 $x_1 - x_2$ 平面下，表达式的图形是图 3.5 所示的直线，所以神经网络使用直线对与门数据进行分类。从图中可以看出，其他直线也可以对数据进行分类，所以通过误差修正学习法得到的直线表达式 (3.6) 只是能够顺利对数据进行分类的例子之一。

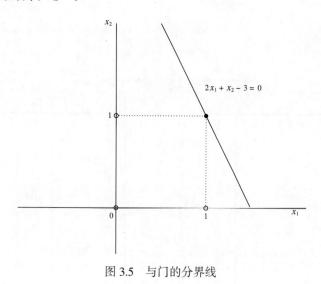

图 3.5 与门的分界线

3.2.2.3 或门

或门又被称为逻辑或，和与门一样，都是有 2 个输入、1 个输出的电路。或门的电路符号如图 3.6 所示。

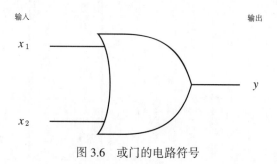

图 3.6 或门的电路符号

和与门不同的是，或门中只要有 1 个输入为 1，那么输出就是 1。表 3.3 是各种输入 / 输出情况的汇总。

表 3.3 或门的输入 / 输出

x_1	x_2	y
0	0	0
0	1	1
1	0	1
1	1	1

或门和与门的网络（电路）形式是相同的，所以应该也可以用与门的方法进行训练。我们再来用误差修正学习法试试看吧。实验结果如表 3.4 所示。

表 3.4 对或门实行误差修正学习法

k	x_1	x_2	t	w_1	w_2	θ	y	$t-y$	Δw_1	Δw_2	$\Delta\theta$
1	0	0	0	0	0	0	1	−1	0	0	1
2	0	1	1	0	0	1	0	1	0	1	−1
3	1	0	1	0	1	0	1	0	0	0	0
4	1	1	1	0	1	0	1	0	0	0	0
5	0	0	0	0	1	0	1	−1	0	0	1
6	0	1	1	0	1	1	1	0	1	0	0
7	1	0	1	0	1	1	0	1	0	0	−1
8	1	1	1	1	1	0	1	0	0	0	0
9	0	0	0	1	1	0	1	−1	0	0	1
10	0	1	1	1	1	1	1	0	0	0	0
11	1	0	1	1	1	1	1	0	0	0	0
12	1	1	1	1	1	1	1	0	0	0	0
13	0	0	0	1	1	1	0	0	0	0	0
14	0	1	1	1	1	1	1	0	0	0	0
15	1	0	1	1	1	1	1	0	0	0	0
16	1	1	1	1	1	1	1	0	0	0	0

根据表的结果，我们可知

$$x_1 + x_2 - 1 = 0 \tag{3.7}$$

就是或门的（1 条）分类直线。这条分类直线在 $x_1 - x_2$ 平面的图形如图 3.7 所示。

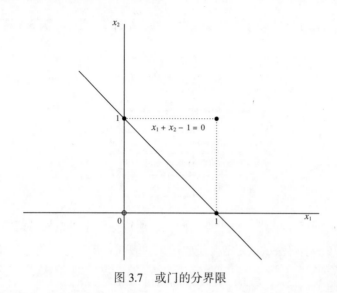

图 3.7 或门的分界限

3.2.2.4 非门

非门又叫逻辑非。和与门以及或门不同，非门是只有 1 个输入和 1 个输出的电路，电路符号如图 3.8 所示。

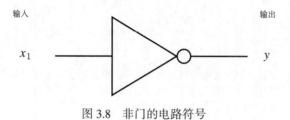

图 3.8 非门的电路符号

非门对输入信号进行反转之后将其输出。也就是说，如果输入为 0 则输出 1，如果输入为 1 则输出 0。表 3.5 是各种输入 / 输出情况的汇总。

表 3.5 非门的输入 / 输出

x_1	y
0	1
1	0

由于非门只有 1 个输入，所以直接考虑下面的输出即可。

$$y = w_1 x_1 - \theta \tag{3.8}$$

因为输出信号是输入信号的反转，所以很容易就可以看出 $w_1 = -1$，随即得出相应的 $\theta = -1$。我们也可以通过误差修正学习法求得结果，每一步更新的表达式如下所示。

$$\Delta w_1 = (t - y)x_1$$
$$\Delta \theta = -(t - y)$$

(3.9)

$$w_1^{(k+1)} = w_1^{(k)} + \Delta w_1$$
$$\theta^{(k+1)} = \theta^{(k)} + \Delta \theta$$

(3.10)

实验结果如表 3.6 所示。

表 3.6　对非门实行误差修正学习法

k	x_1	t	w_1	θ	y	$t-y$	Δw_1	$\Delta \theta$
1	0	1	0	0	0	1	0	−1
2	1	0	0	−1	1	−1	−1	1
3	0	1	−1	0	0	1	0	−1
4	1	0	−1	−1	0	0	0	0
5	0	1	−1	−1	1	0	0	0
6	1	0	−1	−1	0	0	0	0

不管通过哪种方法，最后都可以得到以下表达式。

$$y = -x_1 + 1$$

(3.11)

现在我们已经用神经网络表示了 3 种基本逻辑门，通过它们的组合就能表示其他模式了。

3.3　简单感知机

3.3.1　模型化

在学习使用神经网络实现逻辑门时，我们定义了神经元的激活表达式和误差修正学习法的更新表达式，并依次进行了计算。前文中逻辑门的输入（最多也就）只有 2 个，接下来让我们思考一下有更多输入的情况吧。把输入扩展为 n 个，对其进行泛化。图 3.9 是模型的概略图。

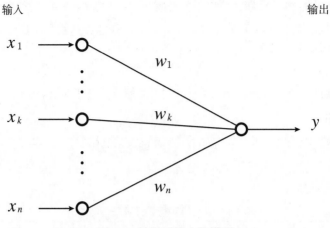

图 3.9 扩展了输入的模型

　　虽然输入的数量增加了，但神经元"收到的电信号的量超过阈值时激活"这个特性是不变的，所以可以将输出的表达式如下定义。

$$y = \begin{cases} 1 & (w_1x_1 + w_2x_2 + \cdots + w_nx_n \geqslant \theta) \\ 0 & (w_1x_1 + w_2x_2 + \cdots + w_nx_n < \theta) \end{cases} \tag{3.12}$$

这里引入下式所表达的函数 $f(x)$，

$$f(x) = \begin{cases} 1 & (x \geqslant 0) \\ 0 & (x < 0) \end{cases} \tag{3.13}$$

就可以重新定义网络的输出 y。

$$y = f(w_1x_1 + w_2x_2 + \cdots + w_nx_n - \theta) \tag{3.14}$$

这里的 $f(x)$ 称为**阶跃函数**（step function）。为了把表达式统一为和的形式好让处理变得更方便，这里令 $b = -\theta$，另外权重 w_k 和输入 $x_k(k = 1, 2, \cdots, n)$ 的线性和的部分可以用向量的内积来表示，所以像下面这样写（列）向量 $\boldsymbol{x}$ 和 $\boldsymbol{w}$。

$$\boldsymbol{x} = \begin{pmatrix} x_1 \\ x_2 \\ \vdots \\ x_n \end{pmatrix}, \quad \boldsymbol{w} = \begin{pmatrix} w_1 \\ w_2 \\ \vdots \\ w_n \end{pmatrix} \tag{3.15}$$

最终输出变成了如下形式。

$$y = f(\boldsymbol{w}^{\mathrm{T}}\boldsymbol{x} + b) \tag{3.16}$$

这样就以标准形式定义了网络的输出。以这种形式表示神经元输出的神经网络模型就称为**感知机**（perception）。其中最简单的模型如图 3.9 所示，这种输入值可以立即传递到输出的模型称为**简单感知机**（simple perception）。此外，我们把这里定义的向量 $\boldsymbol{w}$ 叫作**权重向量**，把 b 叫作**偏置**（bias）。

在将逻辑门模型化时，需要调整 w_1、w_2 和 θ 的值。同样，这里也需要调整标准模型（即感知机）的权重向量 $\boldsymbol{w}$ 和偏置 b。用向量表示之后，误差修正学习法的更新表达式也变得更简洁了。

$$
\begin{aligned}
\Delta\boldsymbol{w} &= (t - y)\boldsymbol{x} \\
\Delta b &= t - y
\end{aligned} \tag{3.17}
$$

$$
\begin{aligned}
\boldsymbol{w}^{(k+1)} &= \boldsymbol{w}^{(k)} + \Delta\boldsymbol{w} \\
b^{(k+1)} &= b^{(k)} + \Delta b
\end{aligned} \tag{3.18}
$$

3.3.2 实现

用向量表示感知机表达式的好处是数学表达式处理起来会更容易。另外，实现时用数组来表示向量还能让编写变得更直观。下面就通过简单的例子来看一下。前面我们考虑的数据分类都是逻辑门的输入为 0 和 1 组合的情况，现在我们来考虑更普遍的情况：遵循正态分布的两种数据的分类。为了让分类结果可视化，这次准备两组神经元数据作为输入。

假设每组都有 10 个神经元数据，一组不激活，平均值为 0，另一组激活，平均值为 5。生成该数据的代码如下所示。

```python
import numpy as np

rng = np.random.RandomState(123)

d = 2 # 数据的维度
N = 10 # 每组数据的数量
mean = 5 # 神经元激活的那一组数据的平均值

x1 = rng.randn(N, d) + np.array([0, 0])
x2 = rng.randn(N, d) + np.array([mean, mean])
```

这里通过 np.random.RandomState() 来控制随机数的状态。为了在实验中得到多个遵循正态分布的数据，需要生成随机数据，但如果不加以控制，每次生成的值都会不同。虽然这样也可以做实验，但得到的结果会非常杂乱，不利于数据分析的正确性。所以，我们需要每次都生成 "同样的随机数据"，在同一个条件下对实验结果进行比较和分析。图 3.10 是生成的数据 x1 和 x2 的分布图。为了一次性处理生成的这两种数据，需要把 x1 和 x2 的数据合并到一起。

```
x = np.concatenate((x1, x2), axis=0)
```

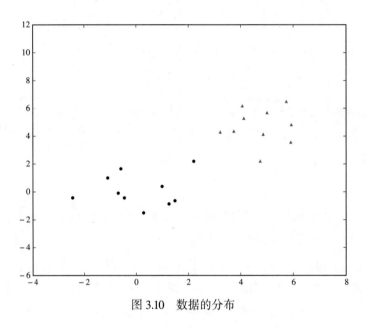

图 3.10　数据的分布

接下来我们试着用感知机对生成的数据进行分类。首先对模型的参数权重向量 w 和偏置 b 进行初始化。

```
w = np.zeros(d)
b = 0
```

然后用函数定义输出 $y = f(w^\mathrm{T} x + b)$。

```
def y(x):
    return step(np.dot(w, x) + b)
```

```
def step(x):
    return 1 * (x > 0)
```

其中的 step(x) 是阶跃函数。可以看到，上面的代码和表达式非常接近，这说明我们可以很直观地编写代码。

我们需要正确的输出值来更新参数，所以要像下面这样定义输出。

```
def t(i):
    if i < N:
        return 0
    else:
        return 1
```

对于前面定义的 x，前 N 个数据是不激活的 x1，而剩余 N 个数据是激活的 x2，所以才能这样实现。到此，训练所需的值（函数）就齐全了，下面就来实现误差修正学习法吧。

误差修正学习法会不断地重复训练直到所有数据都被正确分类，所以程序结构大体上可以表示如下。

```
while True:
    #
    # 参数的更新处理
    #
    if ' 所有数据都被正确分类 ':
        break
```

我们需要在"参数的更新处理"部分实现 *w*、*b* 的更新表达式，以及判断所有数据是否被正确分类的逻辑。下面是实现代码。

```
while True:
    classified = True
    for i in range(N * 2):
        delta_w = (t(i) - y(x[i])) * x[i]
        delta_b = (t(i) - y(x[i]))
        w += delta_w
        b += delta_b
        classified *= all(delta_w == 0) * (delta_b == 0)
    if classified:
        break
```

delta_w 和 delta_b 分别代表了数学表达式中的 Δw、Δb。这个实现也和表达式一样，所以不再详细说明。classified 是判断所有数据是否被正确分类的标志，所以根据下面这行代码，

```
classified *= all(delta_w == 0) * (delta_b == 0)
```

只要 20 个数据中有 1 个不满足 $\Delta w \neq \boldsymbol{0}$ 或 $\Delta b \neq 0$，则 classified = 0，进而开始重复训练。

　　运行上面的程序，得到的结果是 "w:[2.14037745 1.2763927]、b: -9"，令 $\boldsymbol{x} = (x_1\ x_2)^{\mathrm{T}}$，那么下式成立。

$$2.14037745x_1 + 1.2763927x_2 - 9 = 0 \tag{3.19}$$

这就是神经元是否激活的分界线，图 3.11 是这条直线的图形。

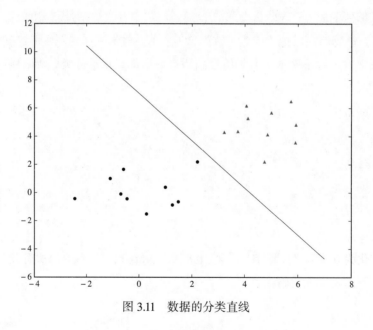

图 3.11　数据的分类直线

　　从图中可以看出神经元在 $(0, 0)$ 点不激活，在 $(5, 5)$ 点应该激活。下面验证一下。

```
print(y([0, 0]))
print(y([5, 5]))
```

可以看到结果分别为 0 和 1。

　　简单感知机是神经网络中最简单的模型，所以不使用 TensorFlow 或 Keras 等库也可以

轻松实现。这是我们第一次把数学表达式落实到实现上，所以本节详细地讲解了整个过程。即便出现更复杂的模型，只要按照这次的步骤就也可以顺利地把理论转化为实现。今后要处理的模型会越来越复杂，请务必理解透彻。

3.4 逻辑回归

3.4.1 阶跃函数与 sigmoid 函数

在简单感知机中，为了使用阶跃函数来判断神经元是否应该激活，将神经元的输出设为了 0 或 1 这两个值。虽然这样也可以对数据进行分类，但是在处理现实问题时，简单感知机就不能适用于所有场景了。

比如垃圾邮件的分类问题。大家可能都有过新邮件明明不是垃圾邮件，却被系统分到垃圾箱，导致自己错过邮件的经历。神经网络根据以前的数据来判断邮件是否为垃圾邮件，会把"内容和以前的垃圾邮件接近的邮件（但却不是垃圾邮件）"判定为垃圾邮件。这是由神经网络学习的特点决定的，是不可避免的。若能把"勉强"可以判定为垃圾邮件的邮件分到收件箱，就可以防止出现用户错过应读邮件这种最坏的情况。但是简单感知机无法判断何为"勉强"。它的输出值只有 0 或 1，神经元"勉强"要激活的情况与完全不激活的情况一样，都含在 0 的部分里。

解决这个问题的方法是不使用 0 或 1 的输出值，而是使用 0 到 1 之间的概率值。如果输出值是概率，就能做到"把是垃圾邮件的概率为 50.1% 的邮件分到收件箱"这样的事情了。要实现这一点，需要用"输出概率"的函数来替代阶跃函数。"输出概率"意味着能把任意实数都转化为 0 到 1 之间的数，而能做到这一点的函数之一就是如下所示的 $\sigma(x)$。

$$\sigma(x) = \frac{1}{1 + e^{-x}} \tag{3.20}$$

这个函数叫作 **sigmoid 函数**（sigmoid function）或 **logistic 函数**（logistic function）。图 3.12 是阶跃函数和 sigmoid 函数的比较。

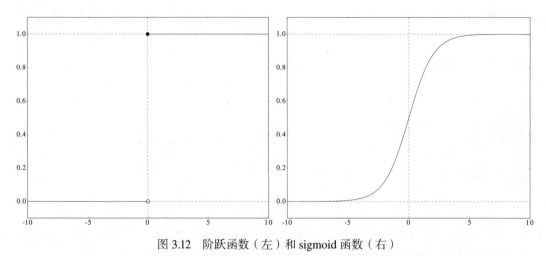

图 3.12　阶跃函数（左）和 sigmoid 函数（右）

当然，并不是任何输出值在 0 和 1 之间的函数都可以用来替代阶跃函数。选用 sigmoid 函数作为输出概率的函数的理由总结在 3.4.4 节，请大家参考阅读。我们现在只需要知道 sigmoid 函数能够很好地近似表示概率的函数就足够了。使用 sigmoid 函数的模型称为**逻辑回归**（logistic regression）。此外，不管神经元的输出 $y = f(\boldsymbol{w}^{\mathrm{T}}\boldsymbol{x} + b)$ 中的 $f(\cdot)$ 是阶跃函数还是 sigmoid 函数（或者其他函数），这一类在神经元线性结合后进行非线性变换的函数统称为**激活函数**（activation function）。

　　至于为什么要使用 sigmoid 函数，原因在于其数学上的一个特性。把 sigmoid 函数微分之后会得到下式。

$$\sigma'(x) = \sigma(x)(1 - \sigma(x)) \tag{3.21}$$

可以看到 sigmoid 函数的微分是由其本身表示的。无论是在理论上还是实现上，这个特性都非常有用。下面我们就先去了解一下逻辑回归的理论知识。

3.4.2　模型化

3.4.2.1　似然函数与交叉熵误差函数

　　逻辑回归与简单感知机不同，它是概率分类模型，所以二者的做法也不同。对于某个输入 $\boldsymbol{x}$，设定神经元是否激活的概率变量为 C。也就是说，C 是在神经元激活时等于 1，不激活时等于 0 的概率变量。因此在考虑如图 3.9 所示的与使用简单感知机时相同的模型时，神经元激活的概率可以如下表示。

$$p(C = 1|\boldsymbol{x}) = \sigma(\boldsymbol{w}^{\mathrm{T}}\boldsymbol{x} + b) \tag{3.22}$$

由于概率之和为 1，所以可以推导出神经元不激活的概率。

$$p(C = 0|\boldsymbol{x}) = 1 - p(C = 1|\boldsymbol{x}) \tag{3.23}$$

由于 C 只能为 0 或 1，所以令 $y := \sigma(\boldsymbol{w}^{\mathrm{T}}\boldsymbol{x} + b)$，就可以把式 (3.22) 和式 (3.23) 整合为一个表达式。

$$p(C = t|\boldsymbol{x}) = y^t(1 - y)^{1-t} \tag{3.24}$$

其中 $t \in \{0,1\}$。有了这个表达式，当有 N 个输入数据 $\boldsymbol{x}_n(n = 1, 2, \cdots, N)$ 及其对应的正确的输出数据 t_n 时，我们就可以用 $y_n := \sigma(\boldsymbol{w}^{\mathrm{T}}\boldsymbol{x}_n + b)$，像下面这样表示**似然函数**（likelihood function），以便计算神经网络的参数权重 $\boldsymbol{w}$ 和偏置 b 的最大似然估计。

$$\begin{aligned} L(\boldsymbol{w}, b) &= \prod_{n=1}^{N} p(C = t_n|\boldsymbol{x}_n) \\ &= \prod_{n=1}^{N} y_n^{t_n}(1 - y_n)^{1-t_n} \end{aligned} \tag{3.25}$$

调整参数使这个似然函数最大化（即最大似然），就可以很好地完成网络的训练了。这种求函数最大或最小状态的问题称为**最优化问题**（optimization problem）。通过符号的反转，可以把函数的最大化问题转换为最小化问题，所以一般来说对函数"最优化"，指的就是求使函数最小化的参数▶2。

说起函数的最大值和最小值，我们可能会想到"微分"。比如，"求函数 $f(x) = x^2$ 的最小值"的问题，可以根据 $f'(x) = 2x = 0$ 得出 $x = 0$，求得最小值为 $f(0) = 0$。像这样，计算函数的最大值和最小值时，要先求参数的偏微分（梯度）。所以在考虑似然函数的最大化问题时，只要计算似然函数各参数的偏微分即可。不过式 (3.25) 是积的形式，求偏微分的计算会很复杂。为了简化计算，取式 (3.25) 的对数，把表达式变为和的形式。另外，为了符合最优化问题的一般形式而替换符号之后，就可以得到以下表达式。

$$\begin{aligned} E(\boldsymbol{w}, b) &:= -\log L(\boldsymbol{w}, b) \\ &= -\sum_{n=1}^{N} \{t_n \log y_n + (1 - t_n)\log(1 - y_n)\} \end{aligned} \tag{3.26}$$

▶2 尤其是在物理学中，用函数来表示一个系统中的能量，就可以研究**能量最小化问题**，也就与现实问题结合起来了。

像式 (3.26) 这样的函数称为**交叉熵误差函数**（cross-entropy error function）。求这个函数最小值的过程就是对原来的（似然）函数进行最优化的过程，式 (3.26) 表示的正是现状与最优状态之间有多少误差。这里的函数 E 一般叫作**误差函数**（error function）或者**损失函数**（loss function）。

3.4.2.2　梯度下降法

交叉熵误差函数的参数是 w 和 b，所以需要计算的是"对 w、b 进行偏微分，使偏微分为 0 的值"，但通过表达式直接求这个值很困难，所以可以采用通过反复训练逐渐更新参数的做法。代表性的方法有**梯度下降法**（gradient descent）[3]，它的表达式如下所示。

$$w^{(k+1)} = w^{(k)} - \eta \frac{\partial E(w, b)}{\partial w} \tag{3.27}$$

$$b^{(k+1)} = b^{(k)} - \eta \frac{\partial E(w, b)}{\partial b} \tag{3.28}$$

这里的 $\eta (> 0)$ 是叫作**学习率**（learning rate）的超参数，用于调整模型参数收敛的难度。一般采用 0.1 或 0.01 等比较小的值。这里不展开介绍梯度下降法和学习率，有兴趣的读者请参考 3.4.5 节中的详细介绍。当式 (3.27) 和式 (3.28) 的参数无法再更新时，说明梯度已下降为 0 了，所以就得到了通过反复训练而涵盖的范围内的最优解。

下面尝试计算各个参数的梯度。

$$E_n := - \{ t_n \log y_n + (1 - t_n) \log(1 - y_n) \} \tag{3.29}$$

根据上式，可如下计算权重 w 的梯度。

$$\frac{\partial E(w, b)}{\partial w} = \sum_{n=1}^{N} \frac{\partial E_n}{\partial y_n} \frac{\partial y_n}{\partial w} \tag{3.30}$$

$$= - \sum_{n=1}^{N} \left(\frac{t_n}{y_n} - \frac{1 - t_n}{1 - y_n} \right) \frac{\partial y_n}{\partial w} \tag{3.31}$$

$$= - \sum_{n=1}^{N} \left(\frac{t_n}{y_n} - \frac{1 - t_n}{1 - y_n} \right) y_n (1 - y_n) x_n \tag{3.32}$$

$$= - \sum_{n=1}^{N} (t_n (1 - y_n) - y_n (1 - t_n)) x_n \tag{3.33}$$

$$= - \sum_{n=1}^{N} (t_n - y_n) x_n \tag{3.34}$$

---

[3]　也叫**最速下降法**（steepest descent）。

式 (3.31) 和式 (3.32) 中用到了 sigmoid 函数的微分 $\sigma'(x) = \sigma(x)(1 - \sigma(x))$。可以看出，使用 sigmoid 函数之后，最终的表达式变得非常简洁。对偏置 b 也进行同样的计算，得到以下表达式。

$$\frac{\partial E(\boldsymbol{w}, b)}{\partial b} = -\sum_{n=1}^{N}(t_n - y_n) \tag{3.35}$$

因此，式 (3.27) 和式 (3.28) 分别变为下面的样子。

$$\boldsymbol{w}^{(k+1)} = \boldsymbol{w}^{(k)} + \eta \sum_{n=1}^{N}(t_n - y_n)\boldsymbol{x}_n \tag{3.36}$$

$$b^{(k+1)} = b^{(k)} + \eta \sum_{n=1}^{N}(t_n - y_n) \tag{3.37}$$

3.4.2.3 随机梯度下降法与小批量梯度下降法

使用梯度下降法，理论上可以完成逻辑回归的训练过程，但在实际使用中还会出现一个问题。从式 (3.36) 和式 (3.37) 可以看出，无论更新哪个参数都要对所有 N 个数据求和。N 较小还好，如果 N 非常大，数据就无法一次性放入内存中，计算时间将变得非常久。

可以解决这个问题的方法就是**随机梯度下降法**（stochastic gradient descent）。与梯度下降法先计算全部数据的和再去更新参数的做法不同，随机梯度下降法是每次随机选择一个数据去更新参数，即用以下表达式对 N 个数据进行计算。

$$\boldsymbol{w}^{(k+1)} = \boldsymbol{w}^{(k)} + \eta(t_n - y_n)\boldsymbol{x}_n \tag{3.38}$$

$$b^{(k+1)} = b^{(k)} + \eta(t_n - y_n) \tag{3.39}$$

名称中之所以有"随机"二字，是因为它选择数据的顺序是随机的。使用随机梯度下降法，就能以梯度下降法更新一次参数的计算量完成 N 次参数更新，从而高效地找到最优解。不过 N 次学习之后就能让梯度收敛为 0 的情况很少，需要对 N 个数据进行反复训练。反复训练全部数据的过程称为**迭代**（epoch），每次迭代都会先把数据顺序打乱再进行训练，这样训练结果就更不容易出现偏颇，容易得到更优的解。为了方便理解，请看以下以近似 Python 语法编写的随机梯度下降法的伪代码。

```
for epoch in range(epochs):
    shuffle(data) # 每次迭代都打乱数据顺序
```

```
for datum in data: # 每次都使用一个数据去更新参数
    params_grad = evaluate_gradient(error_function, params, datum)
    params -= learning_rate * params_grad
```

另外，还有一个介于梯度下降法和随机梯度下降法之间的存在——**小批量梯度下降法**（mini-batch gradient descent）。这是把 N 个数据分成有 $M(\leqslant N)$ 个数据的小块（小批量）再进行训练的方法，M 一般会选择 50 ~ 500 的值。因为小批量梯度下降法的存在，有时候一般的梯度下降法也被称为**批量梯度下降法**（batch gradient descent）。在小批量数据的训练中，线性代数的运算不会出现内存不足的情况，而且与 1 次计算 1 个数据、重复计算多次的做法相比，这种方法的计算更加高效。它的伪代码如下所示。

```
for epoch in range(epochs):
    shuffle(data)
    batches = get_batches(data, batch_size=M)
    for batch in batches: # 每次用小批量数据更新参数
        params_grad = evaluate_gradient(error_function, params, batch)
        params -= learning_rate * params_grad
```

"随机梯度下降法"有时也指这里的小批量梯度下降法，由于小批量梯度下降法在小批量的大小 $M = 1$ 时相当于随机梯度下降法，所以本书也统一称它们为"随机梯度下降法"。

3.4.3 实现

逻辑回归是最适合用于学习如何把神经网络的理论和表达式转化为实现的方法。前面只用 NumPy 就实现了简单感知机（因为表达式简单），但这里将会用 TensorFlow 和 Keras 来实现逻辑回归。我们来看一看用不同库编写代码的写法有何不同，以及使用库可以提升实现哪方面的效率。这里以简单的或门的训练为例，用这两种库分别来实现一遍。

3.4.3.1 使用 TensorFlow 的实现

在 TensorFlow 中参数大体分为两种，一种是有实际值的变量，另一种是作为值的"容器"，可以重复且不限次数地代入实际值的变量。前者主要用作模型的参数，后者用作输入数据或正确的输出值等每次训练过程中都会发生变化的参数。下面让我们通过实际的例子去理解它们吧。在没有特别声明的情况下，下面这两行 import 语句默认是需要的，后面不再赘述。

```
import numpy as np
import tensorflow as tf
```

逻辑回归的参数是权重 w 和偏置 b。在训练或门时，输入是二维、输出是一维的，所以用 TensorFlow 定义如下。

```
w = tf.Variable(tf.zeros([2, 1]))
b = tf.Variable(tf.zeros([1]))
```

生成变量时需要调用 `tf.Variable()`，这样就可以用 TensorFlow 特有的类型来处理数据了。`tf.Variable()` 的中间是 `tf.zeros()`，相当于 NumPy 的 `np.zeros()`，同样用于生成元素为 0 的（多维）数组。这样就完成了权重 w 和偏置 b 的初始化。为了确认 w 的内容，我们尝试执行 `print(w)`。不过执行后得到了下面的结果，无法确认数组的内容是否为 `[0.0, 0.0]`。

```
Tensor("Variable/read:0", shape=(2, 1), dtype=float32)
```

简单的 `print()` 只会输出 TensorFlow 的数据类型。至于如何确认数组的内容，这个问题后面再讲。

定义了模型的参数之后，就要构建实际的模型了。模型输出的表达式是 $y = \sigma(w^\mathrm{T}x + b)$，如果不用 TensorFlow 而是直接定义，它会被定义为下面这样以输入 x 为参数的函数。

```
def y(x):
    return sigmoid(np.dot(w, x) + b)

def sigmoid(x):
    return 1 / (1 + np.exp(-x))
```

而如果用 TensorFlow，可如下书写。

```
x = tf.placeholder(tf.float32, shape=[None, 2])
t = tf.placeholder(tf.float32, shape=[None, 1])
y = tf.nn.sigmoid(tf.matmul(x, w) + b)
```

表示模型输出的是 y = ··· 的部分，定义输出 y 之前先定义所需的输入 x 以及相应的（正确值）的输出 t。使用 TensorFlow 时无须定义函数，基本上可以按照数学表达式的写法实现，非常直观。

与用函数定义时一样，y 在这里没有实际的值，而 x 相当于函数的参数。实现这个效果的是 x、t 定义式中的 tf.placeholder()。正如 "placeholder" 这个单词的含义所示，这些变量相当于保存数据的 "容器"，在定义模型时只需预先确定数据的维度，直到模型训练等实际需要数据的情况下再代入值，并对表达式进行计算即可。x 的 shape=[None,2] 里的 2 相当于输入向量是二维的。虽然这次的数据是 {0,1} 的组合，数据个数是 4，不过这里我们把数据个数设为 None，以表示 "容器" 中的数据数量可变。

在模型化时，为了对参数进行优化，在定义好模型的输出之后，我们求得了交叉熵误差函数。用 TensorFlow 同样可以按照数学表达式的形式去定义。

$$E(\boldsymbol{w}, b) = -\sum_{n=1}^{N} \{t_n \log y_n + (1 - t_n) \log(1 - y_n)\} \tag{3.40}$$

该函数表达式可以转化为下面这样的代码。

```
cross_entropy = - tf.reduce_sum(t * tf.log(y) + (1 - t) * tf.log(1 - y))
```

tf.reduce_sum() 相当于 NumPy 的 np.sum()。

确定表达式时，为了进行函数的最优化，需要对交叉熵误差函数的各个参数实施偏微分、求梯度，然后应用（随机）梯度下降法。而如果使用 TensorFlow，只需 1 行代码就能实现，不需要自己去计算梯度。

```
train_step = tf.train.GradientDescentOptimizer(0.1).minimize(cross_entropy)
```

GradientDescentOptimizer() 的参数 0.1 表示的是学习率。这个代码读起来就是 "通过（随机）梯度下降法，对交叉熵误差函数进行最小化"，非常直观。

到此，模型训练部分的定义和实现就完成了。在实际进行训练之前，让我们先编写检查训练结果是否正确的代码。逻辑回归中模型的输出 y 是概率，所以神经元是否激活要由 $y \geqslant 0.5$ 是否满足来决定。代码如下所示。

```
correct_prediction = tf.equal(tf.to_float(tf.greater(y, 0.5)), t)
```

如此一来，模型的设置就完成了，下面开始实现实际训练的部分。首先定义用于训练的数据。

```
X = np.array([[0, 0], [0, 1], [1, 0], [1, 1]])
Y = np.array([[0], [1], [1], [1]])
```

使用 TensorFlow 时，计算必须要在名为**会话**（session）的数据处理流程里进行。不过也不需要进行什么复杂的操作，只需如下编写即可。

```
init = tf.global_variables_initializer()
sess = tf.Session()
sess.run(init)
```

这样才算是对定义模型时声明的变量和表达式进行了初始化。训练本身非常简单，只需如下编写即可。

```
for epoch in range(200):
    sess.run(train_step, feed_dict={
        x: X,
        t: Y
    })
```

sess.run(train_step) 相当于通过梯度下降法进行训练，这时使用 feed_dict，可以向作为 placeholder 的 x 和 t 代入实际的值。这就像把值 "feed"（喂）给 placeholder 一样。另外，这里设置的迭代数为 200。这次数据 X 是一次性传过去的，所以相当于应用了批量梯度下降法。

让我们确认一下训练的结果吧。可以用 .eval() 来确认诸如神经元是否激活、有没有被正确地分类等问题。

```
classified = correct_prediction.eval(session=sess, feed_dict={
    x: X,
    t: Y
})
print(classified)
```

由于 correct_prediction 中也没有代入实际的值，所以也需要用到 feed_dict。执行后得到的结果如下，

```
[[ True]
 [ True]
 [ True]
 [ True]]
```

可以看到已经完成了或门的训练。此外，还可以通过类似代码得到与各个输入相对应的输出的概率。

```
prob = y.eval(session=sess, feed_dict={
    x: X,
    t: Y
})
print(prob)
```

得到的结果如下所示。可以看出确实很好地输出了概率。

```
[[ 0.22355038]
 [ 0.91425949]
 [ 0.91425949]
 [ 0.99747425]]
```

而通过 tf.Variable() 定义的变量的值，要通过 sess.run() 获取而不是 .eval()。例如我们像下面这样，

```
print('w:', sess.run(w))
print('b:', sess.run(b))
```

就可以得到如下结果。

```
w: [[ 3.61188436]
 [ 3.61188436]]
b: [-1.24509501]
```

以上就是通过 TensorFlow 进行实现的流程。这些流程可以如下总结。

1. 定义模型
2. 定义误差函数
3. 定义最优化的方法
4. 会话初始化
5. 训练

这次练习的是基础的实现方法，后面我们会再去试着实现一些更高级的内容。

最后，把所有代码汇总到一起来看一下。

```python
import numpy as np
import tensorflow as tf

'''
模型的设置
'''
tf.set_random_seed(0)  # 随机数的 seed

w = tf.Variable(tf.zeros([2, 1]))
b = tf.Variable(tf.zeros([1]))

x = tf.placeholder(tf.float32, shape=[None, 2])
t = tf.placeholder(tf.float32, shape=[None, 1])
y = tf.nn.sigmoid(tf.matmul(x, w) + b)

cross_entropy = - tf.reduce_sum(t * tf.log(y) + (1 - t) * tf.log(1 - y))
train_step = tf.train.GradientDescentOptimizer(0.1).minimize(cross_entropy)

correct_prediction = tf.equal(tf.to_float(tf.greater(y, 0.5)), t)

'''
模型的训练
'''
# 或门
X = np.array([[0, 0], [0, 1], [1, 0], [1, 1]])
Y = np.array([[0], [1], [1], [1]])

# 初始化
init = tf.global_variables_initializer()
```

```
sess = tf.Session()
sess.run(init)

# 训练
for epoch in range(200):
    sess.run(train_step, feed_dict={
        x: X,
        t: Y
    })

'''
检查训练结果
'''
classified = correct_prediction.eval(session=sess, feed_dict={
    x: X,
    t: Y
})

prob = y.eval(session=sess, feed_dict={
    x: X
})

print('classified:')
print(classified)
print()
print('output probability:')
print(prob)
```

3.4.3.2　使用 Keras 的实现

用 TensorFlow 实现时需要自己用代码编写表达式，而用 Keras 实现则无须考虑 x、y 等内容，可以用更简单的代码定义模型。使用 Keras 实现逻辑回归的代码如下所示。

```
import numpy as np
from keras.models import Sequential
from keras.layers import Dense, Activation
from keras.optimizers import SGD

model = Sequential([
    Dense(input_dim=2, units=1),
    Activation('sigmoid')
])
```

Sequential() 是定义层级结构的方法。我们通过向这个方法代入实际的层来设置模型。首先用 Dense(input_dim=2, units=1) 定义一个输入为二维、输出为一维的网络结构的层[4]，这相当于创建了一个如下表达式所代表的层。

$$w_1 x_1 + w_2 x_2 + b \tag{3.41}$$

要表示神经元的输出，还需要激活函数，所以通过 Activation('sigmoid') 来创建以下表达式所代表的层。

$$y = \sigma(w_1 x_1 + w_2 x_2 + b) \tag{3.42}$$

这样模型的输出也定义好了。另外，事先只声明 Sequential()，之后再通过 model.add() 不断添加层的写法也是可以的。具体如下所示。

```
model = Sequential()
model.add(Dense(input_dim=2, units=1))
model.add(Activation('sigmoid'))
```

只需用下面 1 行代码就可以表示随机梯度下降法了。

```
model.compile(loss='binary_crossentropy', optimizer=SGD(lr=0.1))
```

这里的 lr 指的是学习率。

使用 Keras，模型的训练也只需 1 行代码。像下面这样准备好或门的输入和正确的输出数据，

```
X = np.array([[0, 0], [0, 1], [1, 0], [1, 1]])
Y = np.array([[0], [1], [1], [1]])
```

然后执行 model.fit() 即可。

```
model.fit(X, Y, epochs=200, batch_size=1)
```

---

[4] 使用 Keras 1 时写作 output_dim=1，使用 Keras 2 时代码变为 units=1 了。

代码中的 epochs 表示迭代数 [5]，batch_size 表示（小）批量的大小。就像这样，（只）用这些代码我们就实现了逻辑回归的训练。使用以下代码检查训练结果，可以得到分类的结果（神经元是否激活）以及输出的概率。

```
classes = model.predict_classes(X, batch_size=1)
prob = model.predict_proba(X, batch_size=1)
```

因为使用 Keras 能够非常轻松地进行实现，所以它适用于想先验证一下模型或简单地做一下实验等场景。这次用到的所有代码整理如下。

```python
import numpy as np
from keras.models import Sequential
from keras.layers import Dense, Activation
from keras.optimizers import SGD


np.random.seed(0) # 随机数的 seed

'''
模型的设置
'''
model = Sequential([
    Dense(input_dim=2, units=1),
    Activation('sigmoid')
])

# model = Sequential()
# model.add(Dense(input_dim=2, units=1))
# model.add(Activation('sigmoid'))

model.compile(loss='binary_crossentropy', optimizer=SGD(lr=0.1))

'''
模型的训练
'''
# 或门
X = np.array([[0, 0], [0, 1], [1, 0], [1, 1]])
Y = np.array([[0], [1], [1], [1]])
```

▶5　这里也是，在 Keras 1 中写作 nb_epoch=200，从 Keras 2 开始就变为 epochs=200 了。

```
model.fit(X, Y, epochs=200, batch_size=1)

'''
检查训练结果
'''
classes = model.predict_classes(X, batch_size=1)
prob = model.predict_proba(X, batch_size=1)

print('classified:')
print(Y == classes)
print()
print('output probability:')
print(prob)
```

执行以上代码之后，可以看到 Keras 会打印出训练的进度。

```
Epoch 1/200
4/4 [==============================] - 0s - loss: 0.5392
Epoch 2/200
4/4 [==============================] - 0s - loss: 0.5080

...

Epoch 199/200
4/4 [==============================] - 0s - loss: 0.1057
Epoch 200/200
4/4 [==============================] - 0s - loss: 0.1053
```

得到的结果如下所示。

```
classified:
[[ True]
 [ True]
 [ True]
 [ True]]

output probability:
[[ 0.21472684]
 [ 0.91356713]
 [ 0.92112124]
 [ 0.9977895 ]]
```

可以看到训练圆满完成。

3.4.4 ⚡拓展 sigmoid 函数与概率密度函数、累积分布函数

在前面的章节中，逻辑回归的激活函数用的是 sigmoid 函数，那么为什么可以把 sigmoid 函数的输出当作概率呢？"输出的范围在 0 到 1 之间，所以是概率"这个理由还不够充分。

用于表示概率的函数有**概率密度函数**。对于概率变量 X，当 X 大于等于 a 且小于等于 b 时的概率表达式如下所示。

$$P(a \leqslant X \leqslant b) := \int_a^b f(x)\mathrm{d}x \tag{3.43}$$

概率密度函数指的就是表达式中的函数 $f(x)$。由于它是概率，所以还需要满足以下条件。

$$P(-\infty \leqslant X \leqslant \infty) = \int_{-\infty}^{\infty} f(x)\mathrm{d}x = 1 \tag{3.44}$$

另外，与概率密度函数相对，表示概率变量 X 小于等于 x 的概率的函数则称为**累积分布函数**。令 $F(x) := P(X \leqslant x)$，累积密度函数可以如下表示。

$$F(x) = \int_{-\infty}^{x} f(t)\mathrm{d}t \tag{3.45}$$

这也就是说，概率密度函数和累积密度函数之间有以下关系成立。

$$F'(x) = f(x) \tag{3.46}$$

下面看一个具体示例，有图 3.13 所示的概率密度函数 $y = f(x)$，其表达式如下所示。

$$f(x) = \begin{cases} 4x - 4 & (1 \leqslant x < \frac{3}{2}) \\ -4x + 8 & (\frac{3}{2} \leqslant x \leqslant 2) \\ 0 & (x < 1, 2 < x) \end{cases} \tag{3.47}$$

根据表达式，可以像下面这样计算出 $1 \leqslant x \leqslant \frac{3}{2}$ 时的概率。

$$\int_1^{\frac{3}{2}} f(x)\mathrm{d}x = \left[2x^2 - 4x\right]_1^{\frac{3}{2}} = \frac{1}{2} \tag{3.48}$$

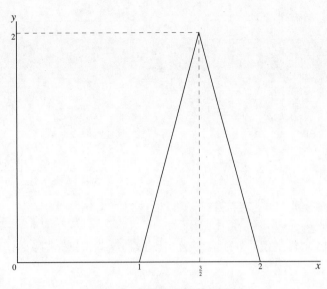

图 3.13 概率密度函数的示例

也就是说，概率密度函数 $f(x)$ 在 $1 \leq x \leq \frac{3}{2}$ 范围内的面积所表示的是概率。这里需要注意的是，概率密度函数的值本身有可能大于 1，比如 $f(\frac{3}{2}) = 2$。而累积分布函数是"概率的累积"，所以 $0 \leq F(x) \leq 1$ 必成立。

概率密度函数和累积分布函数都是表示概率的函数。尤其是累积分布函数，它的值在 0 到 1 之间，适合用来表示"输出为概率"的函数，从前文的说明中我们不难得出这个结论。不过，如式 (3.47) 所示的那种 x 只能取特定值的函数并不合适，它会让概率变量 X 的分布呈现（极其）不对称的状态。因此，我们考虑使用最常见的正态分布来作为概率变量的分布。平均值为 μ、方差为 σ^2 的正态分布的概率密度函数如下所示。

$$f(x) = \frac{1}{\sqrt{2\pi}\sigma} e^{-\frac{(x-\mu)^2}{2\sigma^2}} \tag{3.49}$$

图 3.14 是 $\mu = 0$ 时的概率密度函数和累积分布函数的图形。当然，正态分布的累积分布函数的值也在 0 到 1 的范围内。

逻辑回归的激活函数用的是 sigmoid 函数，而用这个正态分布的累积分布函数代替 sigmoid 函数成为激活函数的模型就称为 **probit 回归**（probit regression）。虽然有些人认为这个函数更适合用作"输出概率的函数"，可是（基本上）没人会把 probit 回归用在神经网络的模型里。这是为什么呢？我们来思考一下使用标准正态分布的累积分布函数（设它 $= p(x)$）进行神经元建模的情况。这时的输出如下所示。

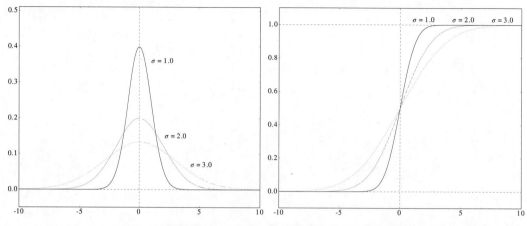

图 3.14　正态分布的概率密度函数（左）和累积分布函数（右）

$$y = p(\boldsymbol{w}^{\mathrm{T}}\boldsymbol{x} + b) = \int_{-\infty}^{\boldsymbol{w}^{\mathrm{T}}\boldsymbol{x}+b} \frac{1}{\sqrt{2\pi}} \, \mathrm{e}^{-\frac{(\boldsymbol{w}^{\mathrm{T}}\boldsymbol{t}+b)^2}{2}} \mathrm{d}\boldsymbol{t} \tag{3.50}$$

但从这里开始，应用随机梯度下降法需要进行必要的梯度计算，这个过程不但烦琐而且困难。因此，大家才会使用"形式与正态分布的累积密度函数相似，计算却很简单"的 sigmoid 函数。图 3.15 是把平均值 $\mu = 0.0$、标准差 $\sigma = 2.0$ 的正态分布的累积分布函数与 sigmoid 函数重合显示在一起的图形。

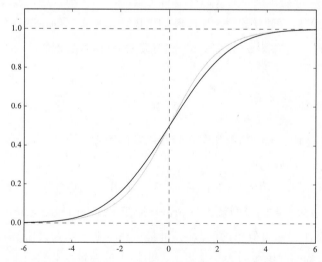

图 3.15　sigmoid 函数（黑线）与正态分布的累积分布函数（灰线）的比较

在深度学习等信息处理领域，理论当然很重要，但像这种考虑"实际能否计算"的工程化方法也很重要。

3.4.5　**拓展** 梯度下降法和局部最优解

梯度下降法是求使函数 $f(\boldsymbol{x})$ 最小的 $\boldsymbol{x} = \boldsymbol{x}^*$，即求 $\boldsymbol{x}^* = \underset{\boldsymbol{x}}{\operatorname{argmin}} f(\boldsymbol{x})$ 的方法，其表达式如下所示。

$$\boldsymbol{x}^{(k+1)} = \boldsymbol{x}^{(k)} - \alpha f'(\boldsymbol{x}^{(k)}) \ (\alpha > 0) \tag{3.51}$$

为了方便理解，这里考虑 $\boldsymbol{x}$ 为标量 x 的情况。从图 3.16 可以看出，沿着梯度反方向前进，x 的确越来越接近 $\boldsymbol{x}^*$。

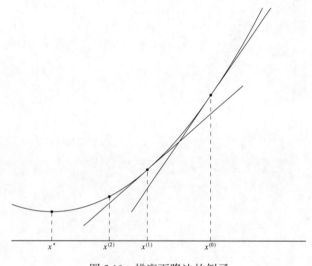

图 3.16　梯度下降法的例子

但是如果 α 的值过大，x 的值就不能很好地收敛。比如对 $f(x) = x^2$ 从 $x^{(0)} = 1$ 开始应用梯度下降法，当 $\alpha = 1$ 时的计算过程如下所示。

$$
\begin{aligned}
x^{(0)} &= & 1 & & \\
x^{(1)} &= & 1 - 2 & = & -1 \\
x^{(2)} &= & -1 + 2 & = & 1 \\
x^{(3)} &= & 1 - 2 & = & -1 \\
& & \vdots & &
\end{aligned}
$$

可以看到值一直在最优解 $x = 0$ 的两边变来变去。

那么只要把 α 变小就可以了吗？答案是否定的。当 α 过小时，主要存在以下两个问题。

- 收敛到 x^* 为止的迭代数会增加
- 难以得到真正的最优解 x^*

第一个问题不难理解，如果 α 变小，那么 x 一次变化的量自然也会变小。那么第二个问题是什么意思呢？比如前面图 3.16 中的 x^*，乍一看它的确是让函数最小化的点。但是，如果函数（的左侧）实际上是图 3.17 所示的样子，那答案还一样吗？从图中可以看出，在这种情况下从 $x^{(0)}$ 开始通过梯度下降法得到的解（假设 $= x'$）并不是真正的解 x^*。只是 x' 点的梯度也是 0，所以从算法的角度来看这个解并没有问题。像这样，因为让函数在某个点（附近）取得了最小值而被当作解的 x' 称为**局部最优解**。与此相对，真正的解 x^* 则称为**全局最优解**。

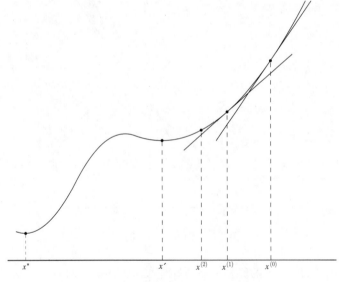

图 3.17　局部最优解与全局最优解

只要初始值 $x^{(0)}$ 是随机选择的，那就很难避开局部最优解。但是如果 α 的值较大，那么至少在图 3.17 的函数中是可以跳过 x'，得到 x^* 的。如果 α 较小，那么是否陷入局部最优解主要就取决于初始值了。而且只要有一次接近局部最优解的情况，最终就很可能收敛于局部最优解了。

总结一下问题点，就是如果 α 较大，即使降低了陷入局部最优解的风险，也有难以收敛的问题；反之，如果 α 较小，虽然收敛没有问题，但容易陷入局部最优解。所以实际在实现算法时，经常采用让 α "一开始较大，然后慢慢变小" 的方法来避免出现使用梯度下降法时会出现的问题。换言之，α 不是一成不变的，实际用的是 $\alpha^{(k)}$。这样就能够做到 "先在大范围内搜索值，然后再收敛"。至于如何能将 α "慢慢变小"，人们研究了多种高效的方法，具体内容将在第 4 章介绍。但是，不管用多好的方法设置 α，还是有可能会陷入局部最优解。在神经网络中也有训练后得到的参数是局部最优解的情况。随着输入维度的增加，找到全局最优解愈发困难。所以在现实中，比起花费大量时间寻找不确定能否找到的全局最优解，还是通过梯度下降法等方法在有限时间内找到实用的（局部）最优解更加可行。

3.5 多分类逻辑回归

3.5.1 softmax 函数

到目前为止，我们看到的模型（简单感知机、逻辑回归）都是把神经元分为激活和不激活这两种模式的模型。但是，现实生活中会有很多想对更多种模式进行分类或预测的情况。比如，与预测明天下雨和不下雨这两种模式相比，明显是预测晴、多云、雨和雪这四种模式的模型更加实用。这种 "模式" 一般被称为**类别**，像我们前面看到的模型那样把数据分成两种模式叫作**二分类**，分成更多种模式叫作**多分类**。

简单感知机和逻辑回归无法进行多分类。但是，就像把激活函数从阶跃函数变为 sigmoid 函数，使输出值变为概率的做法一样，只要对 sigmoid 函数的形式稍作改变，就能进行多分类了。这样的函数称为 **softmax 函数**（softmax function），如式 (3.52) 所示，这是 n 维向量 $\boldsymbol{x} = (x_1\ x_2 \cdots x_n)^{\mathrm{T}}$ 的函数。

$$\mathrm{softmax}(\boldsymbol{x})_i = \frac{\mathrm{e}^{x_i}}{\displaystyle\sum_{j=1}^{n} \mathrm{e}^{x_j}} \quad (i = 1, 2, \cdots, n) \tag{3.52}$$

这里设 y 是各元素为 $y_i = \mathrm{softmax}(\boldsymbol{x})_i$ 的向量，根据 softmax 函数的定义，下列表达式成立。

$$\sum_{i=1}^{n} y_i = 1 \tag{3.53}$$

$$0 \leqslant y_i \leqslant 1 \quad (i = 1, 2, \cdots, n) \tag{3.54}$$

下面看一下具体示例。比如有 $\boldsymbol{x} = (2\ 1\ 1)^{\mathrm{T}}$，那么可以得到 $\boldsymbol{y} = (0.5761\ 0.2119\ 0.2119)^{\mathrm{T}}$。再比如 $\boldsymbol{x} = (10\ 3\ 2\ 1)^{\mathrm{T}}$，那么可以得到 $\boldsymbol{y} = (0.9986\ 0.0009\ 0.0003\ 0.0001)^{\mathrm{T}}$。其中各元素可以用下面的通用表达式来表示。

$$
\begin{pmatrix} y_1 \\ y_2 \\ \vdots \\ y_n \end{pmatrix} = \frac{1}{\sum\limits_{j=1}^{n} \mathrm{e}^{x_j}} \begin{pmatrix} \mathrm{e}^{x_1} \\ \mathrm{e}^{x_2} \\ \vdots \\ \mathrm{e}^{x_n} \end{pmatrix} \tag{3.55}
$$

像这样，向量的元素通过 softmax 函数进行标准化之后，就可以作为"输出概率"使用了，所以非常适合用作神经网络的模型。

另外，先如下定义式 (3.55) 右边的分母，

$$
Z := \sum_{j=1}^{n} \mathrm{e}^{x_j} \tag{3.56}
$$

然后试着求 softmax 函数的微分。首先当 $i = j$ 时，

$$
\frac{\partial y_i}{\partial x_i} = \frac{\mathrm{e}^{x_i} Z - \mathrm{e}^{x_i} \mathrm{e}^{x_i}}{Z^2} = y_i(1 - y_i) \tag{3.57}
$$

然后，当 $i \ne j$ 时，

$$
\frac{\partial y_i}{\partial x_j} = \frac{-\mathrm{e}^{x_i} \mathrm{e}^{x_j}}{Z^2} = -y_i y_j \tag{3.58}
$$

把二者汇总起来，就得到了式 (3.59)。

$$
\frac{\partial y_i}{\partial x_j} = \begin{cases} y_i(1 - y_i) & (i = j) \\ -y_i y_j & (i \ne j) \end{cases} \tag{3.59}
$$

3.5.2 模型化

下面我们来看一看如何把模型扩展为支持多分类的模型，以及 softmax 函数在模型中起到了什么作用。我们来考虑将数据分为 K（个）类别的情况。此时因为输出有多个，所以神经网络的模型如图 3.18 所示。

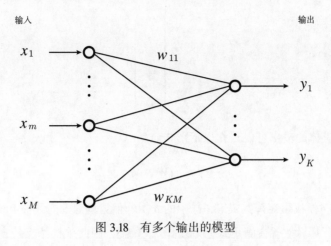

图 3.18 有多个输出的模型

请注意这里的输出 $\boldsymbol{y}$ 不是标量，而是 K 维向量。

$$\boldsymbol{y} = \begin{pmatrix} y_1 \\ \vdots \\ y_k \\ \vdots \\ y_K \end{pmatrix}$$

虽然数据变成 K 个类别了，但基本思路与二分类时没有差别。输出虽然是向量了，但每个神经元的结构是不变的，所以着眼于输出为 y_k 的神经元，得到神经元的输出如下。

$$\begin{aligned} y_k &= f(w_{k1}x_1 + w_{k2}x_2 + \cdots + w_{kM}x_M + b_k) \\ &= f\left(\boldsymbol{w}_k^{\mathrm{T}}\boldsymbol{x} + b_k\right) \end{aligned} \tag{3.60}$$

这与前面的表达式形式相同，只不过在这里 $\boldsymbol{w}_k = (w_{k1}\,w_{k2}\cdots w_{kM})^{\mathrm{T}}$。接着进行如下定义。

$$\begin{aligned} \boldsymbol{W} &= (\boldsymbol{w}_1\cdots\boldsymbol{w}_k\cdots\boldsymbol{w}_K)^{\mathrm{T}} \\[6pt] &= \begin{pmatrix} w_{11} & \cdots & w_{1n} & \cdots & w_{1M} \\ \vdots & & \vdots & & \vdots \\ w_{k1} & \cdots & w_{kn} & \cdots & w_{kM} \\ \vdots & & \vdots & & \vdots \\ w_{K1} & \cdots & w_{Kn} & \cdots & w_{KM} \end{pmatrix} \end{aligned} \tag{3.61}$$

$$\boldsymbol{b} = \begin{pmatrix} b_1 \\ \vdots \\ b_k \\ \vdots \\ b_K \end{pmatrix} \tag{3.62}$$

如此一来，模型整体的输出可以写作以下形式。

$$\boldsymbol{y} = f(\boldsymbol{W}\boldsymbol{x} + \boldsymbol{b}) \tag{3.63}$$

式 (3.61) 中的 $\boldsymbol{W}$ 叫作**权重矩阵**，式 (3.62) 中的 $\boldsymbol{b}$ 叫作**偏置向量**。选用 softmax 函数作为这里的激活函数 $f(\cdot)$，那么 $\boldsymbol{y}$ 就会满足式 (3.53) 和式 (3.54)，因此该模型支持多分类。这种模型称为**多分类逻辑回归**（multi-class logistic regression）。不过，也有将二分类包含在内，把这种模型统一称为"逻辑回归"的叫法。本书在没有特别说明的情况下亦同。

那么，如何表示输入数据实际被分类到各类别的概率呢？设输入 $\boldsymbol{x}$ 被分类到某个类别的概率变量为 C。在二分类的情况下，$C = 0$ 或者 $C = 1$，而在多分类的情况下，$C = k\,(k = 1, 2, \cdots, K)$。对于某个神经元的输出 y_k，这是 $\boldsymbol{x}$ 被分类到类别 k 的概率，它的计算式如下所示（指数函数用 $\exp(\cdot)$ 表示）。

$$p(C = k|\boldsymbol{x}) = y_k = \frac{\exp\left(\boldsymbol{w}_k^{\mathrm{T}}\boldsymbol{x} + b_k\right)}{\displaystyle\sum_{j=1}^{K} \exp\left(\boldsymbol{w}_j^{\mathrm{T}}\boldsymbol{x} + b_j\right)} \tag{3.64}$$

既然已经用概率表达式表示了输出，接下来就要对参数 $\boldsymbol{W}$、$\boldsymbol{b}$ 进行最大似然估计，让我们思考一下它的似然函数。对于 N 个输入数据 $\boldsymbol{x}_n(n = 1, 2, \cdots, N)$，设其对应的正确分类的数据（向量）为 $\boldsymbol{t}_n$。需要注意当 $\boldsymbol{x}_n$ 属于分类 k 时，$\boldsymbol{t}_n$ 的第 j 个元素 t_{nj} 的值如下所示。

$$t_{nj} = \begin{cases} 1 & (j = k) \\ 0 & (j \neq k) \end{cases} \tag{3.65}$$

这种向量元素中只有一个是 1，其余都是 0 的表示方法称为 **1-of-K 表示**（1-of-K representation）[6]。这时使用 $\boldsymbol{y}_n := \mathrm{softmax}(\boldsymbol{W}\boldsymbol{x}_n + \boldsymbol{b})$，可以得到

---

[6]　1-of-K 表示的实现也被称为**独热编码**（one-hot encoding）。

$$L(\boldsymbol{W}, \boldsymbol{b}) = \prod_{n=1}^{N}\prod_{k=1}^{K} p(C = k|\boldsymbol{x}_n)^{t_{nk}}$$

$$= \prod_{n=1}^{N}\prod_{k=1}^{K} y_{nk}^{t_{nk}} \tag{3.66}$$

这个表达式，然后只要求得使其最大的参数即可。由于这个函数也是积的形式，所以采用与二分类时同样的方法，先取对数，然后反转符号，即把问题转化为求下面这个多分类版的交叉熵误差函数的最小化。

$$E(\boldsymbol{W}, \boldsymbol{b}) := -\log L(\boldsymbol{W}, \boldsymbol{b})$$

$$= -\sum_{n=1}^{N}\sum_{k=1}^{K} t_{nk} \log y_{nk} \tag{3.67}$$

所以只要计算每个参数的梯度，就可以和以前一样应用梯度下降法了。

首先来求权重 $\boldsymbol{W}$ 的梯度吧。根据 $\boldsymbol{W} = (\boldsymbol{w}_1\,\boldsymbol{w}_2\cdots\boldsymbol{w}_K)^{\mathrm{T}}$ 来简化表达式，对表达式进行变形。首先设 $E := E(\boldsymbol{W}, \boldsymbol{b}) = E(\boldsymbol{w}_1, \boldsymbol{w}_2, \cdots, \boldsymbol{w}_K, \boldsymbol{b})$，然后求 $\boldsymbol{w}_j$ 的梯度。$\boldsymbol{I}$ 是 K 维单位矩阵，设 $\boldsymbol{a}_n := \boldsymbol{W}\boldsymbol{x}_n + \boldsymbol{b}$，如下进行推导。

$$\frac{\partial E}{\partial \boldsymbol{w}_j} = -\sum_{n=1}^{N}\sum_{k=1}^{K} \frac{\partial}{\partial y_{nk}}(t_{nk} \log y_{nk})\frac{\partial y_{nk}}{\partial a_{nj}}\frac{\partial a_{nj}}{\partial \boldsymbol{w}_j} \tag{3.68}$$

$$= -\sum_{n=1}^{N}\sum_{k=1}^{K} \frac{t_{nk}}{y_{nk}}\frac{\partial y_{nk}}{\partial a_{nj}}\boldsymbol{x}_n \tag{3.69}$$

$$= -\sum_{n=1}^{N}\sum_{k=1}^{K} \frac{t_{nk}}{y_{nk}} y_{nk}(I_{kj} - y_{nj})\boldsymbol{x}_n \tag{3.70}$$

$$= -\sum_{n=1}^{N}\left(\sum_{k=1}^{K} t_{nk}I_{kj} - \sum_{k=1}^{K} t_{nk}y_{nj}\right)\boldsymbol{x}_n \tag{3.71}$$

$$= -\sum_{n=1}^{N}(t_{nj} - y_{nj})\boldsymbol{x}_n \tag{3.72}$$

这里，从式 (3.69) 到式 (3.70) 的变形中用到了 softmax 函数的微分。用同样方法计算 $\boldsymbol{b}_j$ 的梯度。

$$\frac{\partial E}{\partial \boldsymbol{b}_j} = -\sum_{n=1}^{N}(t_{nj} - y_{nj}) \tag{3.73}$$

最终汇总后的表达式如下所示。

$$\frac{\partial E}{\partial \boldsymbol{W}} = -\sum_{n=1}^{N}(\boldsymbol{t}_n - \boldsymbol{y}_n)\boldsymbol{x}_n^{\mathrm{T}} \tag{3.74}$$

$$\frac{\partial E}{\partial \boldsymbol{b}} = -\sum_{n=1}^{N}(\boldsymbol{t}_n - \boldsymbol{y}_n) \tag{3.75}$$

3.5.3 实现

3.5.3.1 使用 TensorFlow 的实现

接下来，让我们使用 TensorFlow 来实现下面这个简单的例子。

- 有 2 个输入、3 个输出的三分类逻辑回归
- 每个分类都生成遵循平均值 $\mu \neq 0$ 的正态分布的样本数据
- 每个分类都有 100 个数据，即对 300 个数据进行分类

另外，前面在实现或门的分类时使用了批量梯度下降法进行训练，这次我们将使用（小批量）随机梯度下降法。用这个方法需要实现随机打乱数据的功能，而 sklearn [7] 库中的 `sklearn.utils.shuffle` 提供了此功能，所以我们使用它。

```
from sklearn.utils import shuffle
```

首先，定义此次实验中需要用到的变量。

```
M = 2          # 输入数据的维度
K = 3          # 分类数
n = 100        # 每个分类的数据个数
N = n * K      # 全部数据的个数
```

然后生成样本数据，如下所示。

```
X1 = np.random.randn(n, M) + np.array([0, 10])
X2 = np.random.randn(n, M) + np.array([5, 5])
X3 = np.random.randn(n, M) + np.array([10, 0])
```

---

[7]　sklearn 是 scikit-learn（http://scikit-learn.org）库的简称，也是 import 该库中的功能时所用的名称。

```
Y1 = np.array([[1, 0, 0] for i in range(n)])
Y2 = np.array([[0, 1, 0] for i in range(n)])
Y3 = np.array([[0, 0, 1] for i in range(n)])

X = np.concatenate((X1, X2, X3), axis=0)
Y = np.concatenate((Y1, Y2, Y3), axis=0)
```

样本数据的分布如图 3.19 所示。

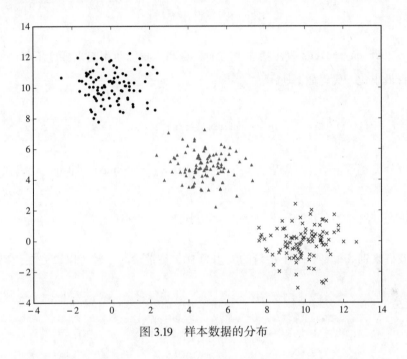

图 3.19　样本数据的分布

以上就是初始设置阶段的工作。然后我们来定义模型。使用 TensorFlow 时，只需把前面二分类代码中的 sigmoid 部分替换为 softmax 即可实现多分类 ▶8。

```
W = tf.Variable(tf.zeros([M, K]))
b = tf.Variable(tf.zeros([K]))

x = tf.placeholder(tf.float32, shape=[None, M])
```

▶8　有一点需要注意，式 (3.61) 中的 W 是 $K \times M$ 矩阵，而代码中定义的 W 却是 $M \times K$ 矩阵。之所以有这样的区别，是因为在定义模型时考虑的是一个个的数据，即在输入是向量 x 的前提下定义输出的表达式，而在实现时要考虑的输入数据 x 却是小批量（矩阵）的。但在数学表达式上只要进行 $W = W^{\mathrm{T}}$ 的置换即可同样进行模型化，这个区别并不影响解决问题。今后也会碰到这种由于各种各样的原因导致理论与实现不完全一致的情况，届时请不要感到困惑。

```
t = tf.placeholder(tf.float32, shape=[None, K])
y = tf.nn.softmax(tf.matmul(x, W) + b)
```

虽然可以遵照式 (3.67) 来定义交叉熵误差函数，但由于这次使用小批量数据进行计算，所以为了求得每个小批量的平均值，我们使用 tf.reduce_mean()。

```
cross_entropy = tf.reduce_mean(-tf.reduce_sum(t * tf.log(y),
                                reduction_indices=[1]))
```

代码中的 reduction_indices 表示沿哪个方向计算和。我们使用随机梯度下降法对交叉熵误差函数进行最小化，代码如下所示。

```
train_step = tf.train.GradientDescentOptimizer(0.1).minimize(cross_entropy)
```

另外，检查分类是否正确，只要看是否满足 $\underset{k}{\text{argmax}}\, y_{nk} = \underset{k}{\text{argmin}}\, t_{nk}$ 即可，代码如下所示。

```
correct_prediction = tf.equal(tf.argmax(y, 1), tf.argmax(t, 1))
```

接着我们来训练模型。令小批量的大小为 50，小批量的个数可以事先在代码中定义。

```
batch_size = 50 # 小批量的大小
n_batches = N // batch_size
```

在随机梯度下降法中，每次迭代过程都需要打乱数据，所以训练代码如下所示。

```
for epoch in range(20):
    X_, Y_ = shuffle(X, Y)

    for i in range(n_batches):
        start = i * batch_size
        end = start + batch_size

        sess.run(train_step, feed_dict={
            x: X_[start:end],
            t: Y_[start:end]
        })
```

这里的 start 和 end 表示各小批量在整体数据中处于什么位置。这样就完成了模型的训练，让我们检验一下成果吧。由于数据量较多，我们就适当选取 10 个数据，检查它们是否被正确地分类。

```
X_, Y_ = shuffle(X, Y)

classified = correct_prediction.eval(session=sess, feed_dict={
    x: X_[0:10],
    t: Y_[0:10]
})
prob = y.eval(session=sess, feed_dict={
    x: X_[0:10]
})

print('classified:')
print(classified)
print()
print('output probability:')
print(prob)
```

结果如下所示。

```
classified:
[ True  True  True  True  True  True  True  True  True  True]

output probability:
[[  9.98682678e-01   1.31731527e-03   2.58784910e-10]
 [  3.43130948e-03   9.69049275e-01   2.75194254e-02]
 [  9.69157398e-01   3.08425445e-02   5.09097688e-08]
 [  1.93514787e-02   9.70684528e-01   9.96400509e-03]
 [  4.12158085e-09   8.59103166e-03   9.91409004e-01]
 [  1.71545204e-02   9.76335824e-01   6.50969939e-03]
 [  2.30860678e-07   4.24577259e-02   9.57542002e-01]
 [  7.25345686e-08   8.87839682e-03   9.91121531e-01]
 [  8.43027297e-12   1.41838231e-04   9.99858141e-01]
 [  9.95894194e-01   4.10580169e-03   2.68717937e-09]]
```

可以看出分类结果是正确的。

由于输入数据是二维的，所以可以画出它的分类直线。softmax 函数值相等的地方就是分界线，比如分类 1 和分类 2 的分界线就是如下式所示的直线。

$$w_{11}x_1 + w_{12}x_2 + b_1 = w_{21}x_1 + w_{22}x_2 + b_2 \tag{3.76}$$

用 sess.run(W) 及 sess.run(b) 得到的结果将该式转化为图，得到的图形如图 3.20 所示，可以看出分类的结果是正确的。

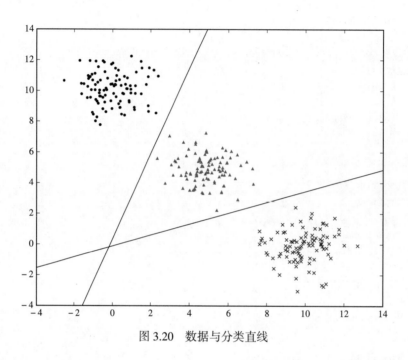

图 3.20   数据与分类直线

3.5.3.2   使用 Keras 的实现

下面用 Keras 再实现一遍前面的例子。由于到数据生成为止代码都是一样的，所以我们从模型的定义开始编写下列代码。

```
model = Sequential()
model.add(Dense(input_dim=M, units=K))
model.add(Activation('softmax'))

model.compile(loss='categorical_crossentropy', optimizer=SGD(lr=0.1))
```

二分类时用的是 loss='binary_crossentropy'，而在实现 1-of-K 表示时，需要写为 'categorical_crossentropy'。模型训练的代码与上一次相同，只需以下两行代码。

```
minibatch_size = 50
model.fit(X, Y, epochs=20, batch_size=minibatch_size)
```

执行以下代码并检查结果。

```
X_, Y_ = shuffle(X, Y)
classes = model.predict_classes(X_[0:10], batch_size=minibatch_size)
prob = model.predict_proba(X_[0:10], batch_size=1)

print('classified:')
print(np.argmax(model.predict(X_[0:10]), axis=1) == classes)
print()
print('output probability:')
print(prob)
```

可以看到和用 TensorFlow 时一样，数据被正确地分类了。

3.6 多层感知机

3.6.1 非线性分类

3.6.1.1 异或门

我们已经学习过与门、或门和非门这三种基本的逻辑门了。除此之外，还有一些比较特殊的逻辑门，**异或门**（XOR 门）（逻辑异或）就是其中之一。它的电路符号如图 3.21 所示。

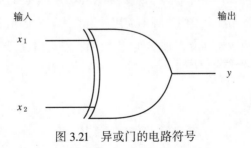

图 3.21　异或门的电路符号

另外，异或门的输入 / 输出如表 3.7 所示。

表 3.7　异或门的输入 / 输出

x_1	x_2	y
0	0	0
0	1	1
1	0	1
1	1	0

之所以说异或门"特殊",原因在于它的输入 / 输出。在平面上画出 $x_1 - x_2$ 的图形后就很好理解了,异或门无法像与门和或门那样用一条直线对数据进行分类。如图 3.22 所示,异或门至少需要两条直线才行。

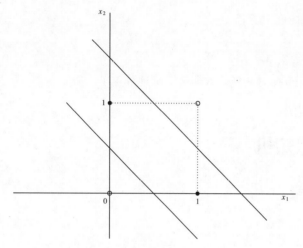

图 3.22　表示异或门的数据的分类

像前面看到的那种可以用一条直线(如果是 K 个分类就是 $K - 1$ 条直线)对数据进行分类的情况叫作**线性可分**,像异或门这种不能用一条直线分类的情况则叫作**线性不可分**[9]。而实际上,简单感知机和逻辑回归只能对线性可分的数据进行分类。我们来想一下输入是二维的情况就比较容易理解了,从激活前的表达式可以知道,神经元是否激活的分界线如下所示。

$$ax_1 + bx_2 + c = 0 \tag{3.77}$$

这个公式不支持一条直线以上的情况,不能对异或门进行训练。下面我们用 Keras 实现的

▶9　如果数据是 n 维的,那么问题就是能否用 $n - 1$ 维超平面进行分类。

逻辑回归模型尝试对异或门进行分类。

```python
import numpy as np
from keras.models import Sequential
from keras.layers import Dense, Activation
from keras.optimizers import SGD

np.random.seed(0)

# 异或门
X = np.array([[0, 0], [0, 1], [1, 0], [1, 1]])
Y = np.array([[0], [1], [1], [0]])

model = Sequential([
    Dense(input_dim=2, output_dim=1),
    Activation('sigmoid')
])
model.compile(loss='binary_crossentropy', optimizer=SGD(lr=0.1))
model.fit(X, Y, epochs=200, batch_size=1)

prob = model.predict_proba(X, batch_size=1)
print(prob)
```

执行结果如下所示。

```
[[ 0.5042778859]
 [ 0.50167429]
 [ 0.50263327]
 [ 0.50002992]]
```

可以看到训练失败了。我们把简单感知机和逻辑回归这样只支持线性可分问题的模型称为**线性分类器**（linear classifier）。

3.6.1.2　逻辑门的组合

虽然基本门是线性可分而异或门是线性不可分的，但通过组合基本门，可以实现异或门。实现方法有多种，图 3.23 就是其中之一。即在一般的与门前，插入三种逻辑门的组合（虚线部分）。

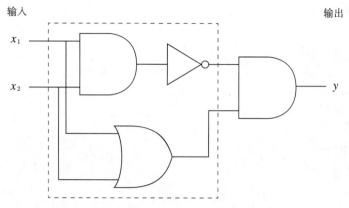

图 3.23　通过组合基本门来实现的异或门

　　只需组合基本门即可实现异或门，这对神经网络的模型来说是一个重要的启发。组合基本门的思路同样适用于神经元，如果对神经元进行组合，就可以得到能够进行非线性分类的模型了。为此需要在目前为止只考虑了输入和输出的网络中，增加相当于图 3.23 所示的虚线部分的神经元。虚线部分的输入和输出都是两个，所以可以把神经网络的模型表示为图 3.24 那样。与基本门的组合一样，输入和输出之间加了两个神经元，"与门 + 非门"以及或门分别被替换成了神经元[10]。

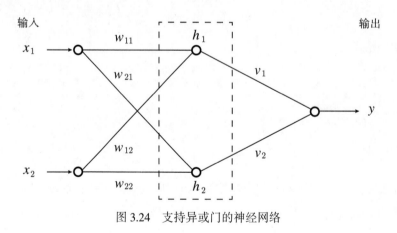

图 3.24　支持异或门的神经网络

　　那么，让我们来思考一下这个神经网络是否真的再现了异或门。在这里神经元结构本身也是不变的，所以增加的神经元可以用下式来表示。

---

[10] 输出和与门输出相反的（线性可分的）逻辑门叫作**与非门**（NAND 门）。所以也可以把图 3.23 的虚线部分看作与非门和或门的并列。把神经元与逻辑门一一对应起来看或许会更加直观。

$$h_1 = f(w_{11}x_1 + w_{12}x_2 + b_1) \tag{3.78}$$

$$h_2 = f(w_{21}x_1 + w_{22}x_2 + b_2) \tag{3.79}$$

$$y = f(v_1 h_1 + v_2 h_2 + c) \tag{3.80}$$

为了与图 3.23 相对应，我们采用阶跃函数作为激活函数 $f(\cdot)$。不过函数中的正负可以决定输出，所以使用 sigmoid 函数也没有问题。对于上面的表达式，套用以下数值。

$$\boldsymbol{W} = \begin{pmatrix} w_{11} & w_{12} \\ w_{21} & w_{22} \end{pmatrix} = \begin{pmatrix} 2 & 2 \\ -2 & -2 \end{pmatrix} \tag{3.81}$$

$$\boldsymbol{b} = \begin{pmatrix} b_1 \\ b_2 \end{pmatrix} = \begin{pmatrix} -1 \\ 3 \end{pmatrix} \tag{3.82}$$

$$\boldsymbol{v} = \begin{pmatrix} v_1 \\ v_2 \end{pmatrix} = \begin{pmatrix} 2 \\ 2 \end{pmatrix} \tag{3.83}$$

$$c = -3 \tag{3.84}$$

可以看出这个神经网络确实再现了异或门。

像这样，输入和输出以外的神经元也连接着的模型被称为**多层感知机**（multi-layer perception），常缩写为 MLP。正如多"层"感知机其名所示，神经网络的模型也如同人脑内部层层相连。因此，接收输入的层被称为**输入层**（input layer），进行输出的层被称为**输出层**（output layer），这次增加的输入层和输出层之间的层则被称为**隐藏层**（hidden layer）。

3.6.2 模型化

使用拥有"输入层、隐藏层和输出层"这三层结构的网络 ▶11，我们就可以进行线性不可分的数据的输入 / 输出了。异或门可以说是非线性分类中最简单的问题，对多层感知机的模型进行泛化，就可以对更复杂的数据进行分类了。下面我们去看一看多层模型与前面接触到的模型有什么不同。泛化后的三层神经网络的模型如图 3.25 所示。

▶11　计算层数时也有将输入层排除在外，把三层的神经网络当成是二层网络模型的情况，但本书为了更加直观和容易理解，将输入层也包含在层数之内。

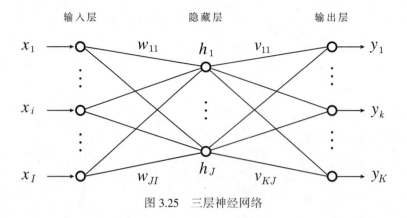

图 3.25 三层神经网络

首先看一下"输入层 – 隐藏层"部分，这部分与前面用到的二层神经网络形式相同，隐藏层的"输出"的表达式可以用权重 $\boldsymbol{W}$、偏置 $\boldsymbol{b}$ 和激活函数 $f(\cdot)$ 表示。

$$h = f(Wx + b) \tag{3.85}$$

这里得到的 $\boldsymbol{h}$ 还会向输出层传播，因此"隐藏层 – 输出层"部分的表达式可以用权重 $\boldsymbol{V}$、偏置 $\boldsymbol{c}$ 和激活函数 $g(\cdot)$ 表示。

$$y = g(Vh + c) \tag{3.86}$$

接着来考虑该用什么函数作为激活函数 f 和 g。首先 g 表示整个网络的输出，所以应该在多分类时用 softmax 函数，在二分类时用 sigmoid 函数。而 f 是向输出层传播值（信号）的，$g(\cdot)$ 表达式中的 $\boldsymbol{Vh} + \boldsymbol{c}$ 可以用任何实数，所以输出 $\boldsymbol{h}$ 的 f 只要是能做到"收到小值就输出小值，收到大值就输出大值"的函数即可。不过为了计算方便，一般都会用 sigmoid 等函数。其他的激活函数将会在第 4 章中介绍。

当网络变为多层之后，该如何去训练网络（参数最优化）呢？模型的参数有 $\boldsymbol{W}$、$\boldsymbol{V}$、$\boldsymbol{b}$ 和 $\boldsymbol{c}$，因此如果令最小化的误差函数为 E，那么有 $E = E(\boldsymbol{W}, \boldsymbol{V}, \boldsymbol{b}, \boldsymbol{c})$。通过随机梯度下降法求最优的参数时，就需要求各个参数的梯度。和前面一样，假设有 N 个数据，用 $\boldsymbol{x}_n$、$\boldsymbol{y}_n$ 等表示其中第 n 个数据（向量）。N 个数据分别产生的误差 $E_n(n = 1, \cdots, N)$ 依旧是相互独立的，因此可以表示如下。

$$E = \sum_{n=1}^{N} E_n \tag{3.87}$$

接下来，我们先考虑一下各个参数对 E_n 的梯度。为了让表达式更易读，后面会省略表示数据顺序的下标"n"。

如下定义每层激活前的值。

$$p := Wx + b \tag{3.88}$$

$$q := Vh + c \tag{3.89}$$

对 $W = (w_1 \, w_2 \cdots w_J)^{\mathrm{T}}$ 及 $V = (v_1 \, v_2 \cdots v_K)^{\mathrm{T}}$ 求偏导数。

$$
\begin{cases}
\dfrac{\partial E_n}{\partial w_j} = \dfrac{\partial E_n}{\partial p_j} \dfrac{\partial p_j}{\partial w_j} = \dfrac{\partial E_n}{\partial p_j} x \\[3mm]
\dfrac{\partial E_n}{\partial b_j} = \dfrac{\partial E_n}{\partial p_j} \dfrac{\partial p_j}{\partial b_j} = \dfrac{\partial E_n}{\partial p_j}
\end{cases}
\tag{3.90}
$$

$$
\begin{cases}
\dfrac{\partial E_n}{\partial v_k} = \dfrac{\partial E_n}{\partial q_k} \dfrac{\partial q_k}{\partial v_k} = \dfrac{\partial E_n}{\partial q_k} h \\[3mm]
\dfrac{\partial E_n}{\partial c_k} = \dfrac{\partial E_n}{\partial q_k} \dfrac{\partial q_k}{\partial c_k} = \dfrac{\partial E_n}{\partial q_k}
\end{cases}
\tag{3.91}
$$

所以只要求得 $\frac{\partial E_n}{\partial p_j}$ 和 $\frac{\partial E_n}{\partial q_k}$，就可以求得各参数的梯度。对于式 (3.91)，假设"隐藏层 – 输出层"中用的是 softmax 函数，与在多分类逻辑回归时得到的式 (3.72) 和式 (3.73) 进行比较，就能得到以下表达式 [12]，

$$\frac{\partial E_n}{\partial q_k} = -(t_k - y_k) \tag{3.92}$$

如此一来，问题就简化成了求 $\frac{\partial E_n}{\partial p_j}$。继续应用偏微分的连锁律，可以得到以下变形。

$$
\begin{aligned}
\frac{\partial E_n}{\partial p_j} &= \sum_{k=1}^{K} \frac{\partial E_n}{\partial q_k} \frac{\partial q_k}{\partial p_j} \\
&= \sum_{k=1}^{K} \frac{\partial E_n}{\partial q_k} \left(f'(p_j) v_{kj} \right)
\end{aligned}
\tag{3.93}
$$

这样所有的梯度都可以计算了。

---

[12] 当然也可以通过对 $E_n = -\sum_{k=1}^{K} t_k \log y_k$ 进行偏微分来求得。

数学表达式的推演到此结束，不过我们再来考虑一下式 (3.93) 的含义。这里先做如下定义。

$$\delta_j := \frac{\partial E_n}{\partial p_j} \tag{3.94}$$

$$\delta_k := \frac{\partial E_n}{\partial q_k} \tag{3.95}$$

对照式 (3.92) 可以看出，δ_k 表示的正是模型的输出和正确值之间的误差，所以我们把 δ_k 和 δ_i 都称为**误差**（error）。定义好误差项之后，式 (3.93) 可以转换如下。

$$\delta_j = f'(p_j) \sum_{k=1}^{K} v_{kj} \delta_k \tag{3.96}$$

$\sum_{k=1}^{K} v_{kj} \delta_k$ 的部分和神经元输出的表达式形式相同，我们已经见过无数次了。也就是说，在考虑模型的输出时要从输入层到输出层正向地观察网络，而在考虑梯度时则要逆向地观察网络。这样一来，就能发现 δ_k 就像图 3.26 所示的那样在网络中传播。这种在多层网络中，通过研究误差的逆向输出来计算梯度的做法称为**反向传播算法**（backpropagation）。可以毫不夸张地说，反向传播算法是所有深度学习的模型都需要用到的算法。不过，虽然它名为算法，但我们只要把握住"需要求的是可以使误差函数最小化的梯度"这个大前提，就不会有什么问题。

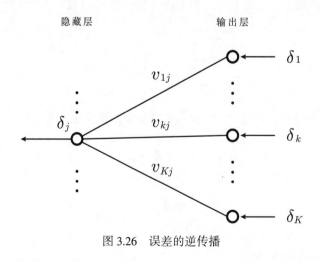

图 3.26　误差的逆传播

这里为了让大家更好地观察反向传播算法，先将各层的权重矩阵分解为向量后再去计算梯度。不过，矩阵当然也可以不分解，不分解时的表达式如下所示。

$$\frac{\partial E_n}{\partial \boldsymbol{W}} = \frac{\partial E_n}{\partial \boldsymbol{p}}\left(\frac{\partial \boldsymbol{p}}{\partial \boldsymbol{W}}\right)^{\mathrm{T}} = \frac{\partial E_n}{\partial \boldsymbol{p}}\boldsymbol{x}^{\mathrm{T}} \tag{3.97}$$

$$\frac{\partial E_n}{\partial \boldsymbol{V}} = \frac{\partial E_n}{\partial \boldsymbol{q}}\left(\frac{\partial \boldsymbol{q}}{\partial \boldsymbol{V}}\right)^{\mathrm{T}} = \frac{\partial E_n}{\partial \boldsymbol{q}}\boldsymbol{h}^{\mathrm{T}} \tag{3.98}$$

然后进行以下定义。

$$\boldsymbol{e}_h := \frac{\partial E_n}{\partial \boldsymbol{p}} \tag{3.99}$$

$$\boldsymbol{e}_o := \frac{\partial E_n}{\partial \boldsymbol{q}} \tag{3.100}$$

上面定义的 $\boldsymbol{e}_h$ 和 $\boldsymbol{e}_o$ 分别是元素为 δ_j、δ_k 的向量，因此可以求得以下表达式。

$$\boldsymbol{e}_h = f'(\boldsymbol{p}) \odot \boldsymbol{V}^{\mathrm{T}}\boldsymbol{e}_o \tag{3.101}$$

$$\boldsymbol{e}_o = -(\boldsymbol{t} - \boldsymbol{y}) \tag{3.102}$$

3.6.3　实现

下面我们用代码来检验一下多层网络是否能够训练异或门。首先准备异或门的数据。

```
X = np.array([[0, 0], [0, 1], [1, 0], [1, 1]])
Y = np.array([[0], [1], [1], [0]])
```

虽然网络变为多层的了，但基本上注意区分好每一层就可以了，实现起来并不难。尤其是在确定模型时非常麻烦的反向传播算法的部分，TensorFlow 和 Keras 等库会帮我们封装好，所以并没有什么需要特别注意的地方。不过，为了深入理解模型，我们需要掌握表达式的各个部分分别对应代码中的哪些部分，因此大家在观察代码实现时要留心这一点。

3.6.3.1　使用 TensorFlow 的实现

异或门的输入层是二维的，输出层是一维的，下面分别定义相应的 placeholder。

```
x = tf.placeholder(tf.float32, shape=[None, 2])
t = tf.placeholder(tf.float32, shape=[None, 1])
```

多层的情况下，需要在代码中定义每一层的输出表达式。通过逻辑门的组合，我们得到了隐藏层维度为二的异或门，所以在代码中我们也用相同维度试一试。以下为"输入层 – 隐藏层"表达式的代码。

```
W = tf.Variable(tf.truncated_normal([2, 2]))
b = tf.Variable(tf.zeros([2]))
h = tf.nn.sigmoid(tf.matmul(x, W) + b)
```

这里的 tf.truncated_normal() 是生成遵循**截断正态分布**（truncated normal distribution）数据的方法。如果用 tf.zeros()，它会把所有参数都初始化为 0，从而导致反向传播算法可能无法正确地反馈误差。用同样思路来编写"隐藏层 – 输出层"表达式的代码，如下所示。

```
V = tf.Variable(tf.truncated_normal([2, 1]))
c = tf.Variable(tf.zeros([1]))
y = tf.nn.sigmoid(tf.matmul(h, V) + c)
```

以上就是模型的输出。

接下来是设置训练时的误差函数。由于这次是二分类，所以使用如下所示的交叉熵误差函数。

```
cross_entropy = - tf.reduce_sum(t * tf.log(y) + (1 - t) * tf.log(1 - y))
```

至于随机梯度下降法的实现，则与以前的实现相同。

```
train_step = tf.train.GradientDescentOptimizer(0.1).minimize(cross_entropy)
correct_prediction = tf.equal(tf.to_float(tf.greater(y, 0.5)), t)
```

这就是使用库开发的好处。实际的训练部分也与前面的实现相同。

```
init = tf.global_variables_initializer()
sess = tf.Session()
sess.run(init)

for epoch in range(4000):
    sess.run(train_step, feed_dict={
```

```
        x: X,
        t: Y
    })
    if epoch % 1000 == 0:
        print('epoch:', epoch)
```

由于迭代次数很多，所以在执行过程中输出进度情况。

这样就可以进行训练了。让我们检验一下结果。

```
classified = correct_prediction.eval(session=sess, feed_dict={
    x: X,
    t: Y
})
prob = y.eval(session=sess, feed_dict={
    x: X
})

print('classified:')
print(classified)
print()
print('output probability:')
print(prob)
```

得到的结果如下所示。

```
classified:
[[ True]
 [ True]
 [ True]
 [ True]]

output probability:
[[ 0.00766729]
 [ 0.99138135]
 [ 0.99138099]
 [ 0.01342883]]
```

可以看到这个模型确实能够训练异或门。

3.6.3.2 使用 Keras 的实现

在 Keras 中可以用 model.add() 快速地增加层，所以用下面的代码就能够构建出三层神经网络。

```
model = Sequential()

# 输入层 – 隐藏层
model.add(Dense(input_dim=2, units=2))
model.add(Activation('sigmoid'))

# 隐藏层 – 输出层
model.add(Dense(units=1))
model.add(Activation('sigmoid'))

model.compile(loss='binary_crossentropy', optimizer=SGD(lr=0.1))
```

实际的训练过程也与前面相同，只需调用下面的代码即可。

```
model.fit(X, Y, epochs=4000, batch_size=4)
```

通过以下代码检验结果，同样可以得出训练已经正确完成的结论。

```
classes = model.predict_classes(X, batch_size=4)
prob = model.predict_proba(X, batch_size=4)

print('classified:')
print(Y == classes)
print()
print('output probability:')
print(prob)
```

此外，目前为止添加 Dense() 时用的都是 Dense(input_dims=2, units=2) 这样的写法，其中 units= 的部分可以像下面这样予以省略。

```
Dense(2, input_dim=2)
```

同样地，上面"隐藏层 – 输出层"部分写的是 Dense(units=1)，这也可以像下面这样简化。

```
Dense(1)
```

后面编写代码时就像现在这样，不再写 units= 的部分了 [13]。

3.7 模型的评估

3.7.1 从分类到预测

到此为止，我们已经尝试过使用逻辑回归或多层感知机等算法，对简单的一组数据进行适当的分类了。但是，前面在训练网络时用到的都是能够被正确分类的"干净的"数据，所以大家可能难以体会到现在所做的数据分类有什么实际的意义或价值。然而，现实社会中的数据要比那些数据复杂得多，几乎都混杂着异常值和噪声。因此，面对复杂的数据，"机器要如何对它们进行分类"是非常重要的。

我们来看一个例子，如图 3.27 所示的有两个类别的一组数据。虽然数据看上去可以分为两块，但是由于有重叠，几乎做不到 100% 正确分类。实际的数据基本上都是这样"不干净"的数据，所以很难避免部分数据被错误地分类。因此，我们需要考虑的是如何对获取的数据进行最"好"的分类。

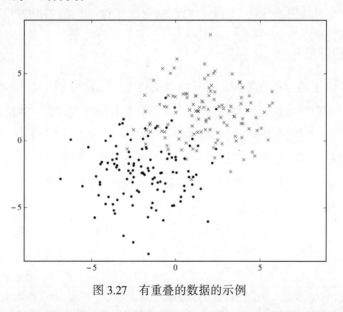

图 3.27　有重叠的数据的示例

---

[13] 从 Keras 的 Dense 类源代码（https://github.com/keras/fchollet/keras/blob/master/keras/layers/core.py）中的 def __init__(self, units, ... , **kwargs) 也可以看出，units= 默认就是不需要写的。

那么，根据什么去判断分类的"好坏"呢？分类的方法有很多种，比如图 3.28 所示的这个例子，我们直观上会认为左图比右图分类得更"好"，但实际上对数据做到较好分类的却是右图。

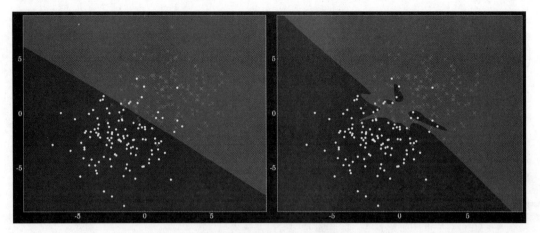

图 3.28　数据分类的示例

理想的情况是找到数据所具有的真正的规律。我们之所以会认为左图的分类更好，是因为我们觉得左图似乎抓住了数据本身的特点。"分类更好"的评估标准是：对给定数据进行分类之后，再次得到同样的数据时，正确分类的概率能够提高"。这就意味着神经网络中的学习不（只）是对数据进行分类，更要对数据所具有的真正的规律进行预测。

3.7.2　预测的评估

判断模型能否正确地预测数据，要看模型能否对给定数据之外的未知数据进行正确的分类。这就是说，在评估模型的预测效果时，必须要准备两套数据。我们前面所看到的那些在模型训练过程中使用的数据称为**训练数据**（training data），用于评估预测效果的未知数据则称为**测试数据**（test data）。不过，真正的未知数据很难获取，所以实际的做法通常是把获取的全部数据（随机地）分为训练数据和测试数据，然后用模拟的未知数据来评估模型[14]。这个流程如下所示。

▶14　有时也将这里的测试数据称为**验证数据**（validation data），把真正的未知数据称为测试数据。这种情况下要使用三套测试数据进行评估。尤其在训练数据较多的情况下，同时使用验证数据进行检验是非常普遍的情况。

把所有数据分为训练数据和测试数据

↓

使用训练数据进行训练

↓

使用测试数据对分类进行评估

由于无法做到 100% 正确分类，所以需要用于评估的指标。常用的代表指标有**准确率**（accuracy）、**精确率**（precision）和**召回率**（recall）。下面，我们通过一个二分类的例子来看一看这些指标都是什么意思吧。令二分类模型的预测值为 $y = 1$（神经元激活）或 $y = 0$（神经元不激活），而实际值 t 的取值为 $t = 1$ 或 $t = 0$，所以 (t, y) 的组合就代表了预测是否正确。比如，对某组测试数据进行预测的结果如表 3.8 所示。这种组合称为**混淆矩阵**（confusion matrix）。

表 3.8　混淆矩阵

	$y = 1$	$y = 0$
$t = 1$	TP	FN
$t = 0$	FP	TN

每种组合都有各自的名称：$(t, y) = (1, 1)$ 的组合叫作**真阳性**（true positive）；$(t, y) = (0, 1)$ 叫作**假阳性**（false positive）；$(t, y) = (1, 0)$ 叫作**假阴性**（false negative）；$(t, y) = (0, 0)$ 叫作**真阴性**（true negative）。这时，上面提到的三个指标的计算式如表 3.9 所示。

表 3.9　模型的评估指标

名　称	计　算　式
准确率	$\dfrac{TP + TN}{TP + FN + FP + TN}$
精确率	$\dfrac{TP}{TP + FP}$
召回率	$\dfrac{TP}{TP + FN}$

可以看出，准确率表示的是所有数据中，正确地预测到神经元是否激活的数据所占的比例；精确率表示的是预测为激活的神经元数据中，真正激活的数据所占的比例；召回率表示的

则是所有应激活的数据中，被预测为激活的数据所占的比例。

　　这三个指标都是用来评估模型分类和预测效果好坏的指标。如果需要进行严格的评估，那么三个指标都需要计算。不过一般情况下只用准确率来评估模型就好。仅提及 "预测精度是多少" 时，指的就是准确率。

3.7.3　简单的实验

　　下面我们就通过简单的实验来评估预测的效果吧。使用 sklearn 库可以很方便地生成实验用的数据。比如执行以下代码，就会为如图 3.29 所示的 "弯月形" 二分类数据生成300 个数据，每个类别分别有 150 个。

```
from sklearn import datasets

N = 300
X, y = datasets.make_moons(N, noise=0.3)
```

令 noise=0.3，故意让部分数据重合，做出 "不干净" 的数据。不过从图中可以看出，整体来说数据还是有规律的，应该能用多层感知机进行分类和预测。像这样有实验性质的问题叫作**玩具问题**（toy problem）。

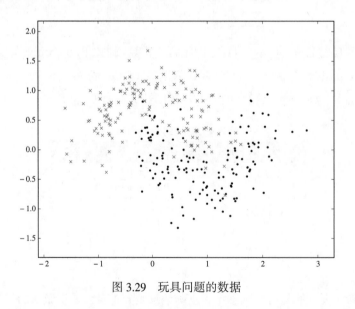

图 3.29　玩具问题的数据

　　下面使用这套数据集来评估多层感知机的预测精度。首先要把全部数据分为训练数据和测试数据，通过 sklearn.model_selection.train_test_split() 就可以简单实现 [15]。

```
from sklearn.model_selection import train_test_split

Y = y.reshape(N, 1)
X_train, X_test, Y_train, Y_test =\
    train_test_split(X, Y, train_size=0.8)
```

其中的 y.reshape() 会按照 TensorFlow 的习惯，根据正确结果数据的维度对数据进行调整，然后按照 8：2 的比例把数据分割为训练数据和测试数据。

模型的生成与之前的实现相同。首先实验一下隐藏层为二维的情况。

```
num_hidden = 2

x = tf.placeholder(tf.float32, shape=[None, 2])
t = tf.placeholder(tf.float32, shape=[None, 1])

# 输入层 – 隐藏层
W = tf.Variable(tf.truncated_normal([2, num_hidden]))
b = tf.Variable(tf.zeros([num_hidden]))
h = tf.nn.sigmoid(tf.matmul(x, W) + b)

# 隐藏层 – 输出层
V = tf.Variable(tf.truncated_normal([num_hidden, 1]))
c = tf.Variable(tf.zeros([1]))
y = tf.nn.sigmoid(tf.matmul(h, V) + c)

cross_entropy = - tf.reduce_sum(t * tf.log(y) + (1 - t) * tf.log(1 - y))
train_step = tf.train.GradientDescentOptimizer(0.05).minimize(cross_entropy)
correct_prediction = tf.equal(tf.to_float(tf.greater(y, 0.5)), t)
```

另外，为了评估预测精度，如下定义 accuracy。

```
accuracy = tf.reduce_mean(tf.cast(correct_prediction, tf.float32))
```

---

[15] 如果 sklearn 的版本是 0.17 以下，就不用 sklearn.model_selection 了，而是用 sklearn.cross_validation。如果以下代码

print(sklearn.__version__)

的执行结果是 0.17.X，那么请通过执行以下命令将版本升级到 0.18 以上。

$ pip install scikit-learn -U

correct_prediction 会返回通过 feed_dict 输入的数据的结果，所以用 tf.reduce_mean() 求平均值，即可得到"预测正确的数据数 / 全部数据数"。不过 correct_prediction 返回的数据是布尔类型，需要用 tf.cast() 将其转为浮点数类型之后，再参与数值计算。

训练模型的代码也与之前的实现相同。

```
batch_size = 20
n_batches = N // batch_size

init = tf.global_variables_initializer()
sess = tf.Session()
sess.run(init)

for epoch in range(500):
    X_, Y_ = shuffle(X_train, Y_train)

    for i in range(n_batches):
        start = i * batch_size
        end = start + batch_size

        sess.run(train_step, feed_dict={
            x: X_[start:end],
            t: Y_[start:end]
        })
```

这里需要注意的是，训练时只能用训练数据，不要使用测试数据。因为测试数据必须是"未知的数据"，如果在训练时使用了测试数据，那么测试的意义也就不存在了。

训练结束后，用测试数据来评估预测精度。

```
accuracy_rate = accuracy.eval(session=sess, feed_dict={
    x: X_test,
    t: Y_test
})
print('accuracy: ', accuracy_rate)
```

运行结果如下所示。

```
accuracy:  0.916667
```

结果表明该模型的预测精度是 91.6667%。为了提高预测精度，需要对隐藏层的维度、学习率和迭代数等加以调整。修改为 num_hidden = 3 后再进行实验，这次得到以下结果。

```
accuracy:  0.933333
```

这说明隐藏层为三维的模型效果更好。两次测试结果的分界线如图 3.30 所示，可以看到确实是隐藏层维度为三的模型较好地发现了"弯月型"这个特征。

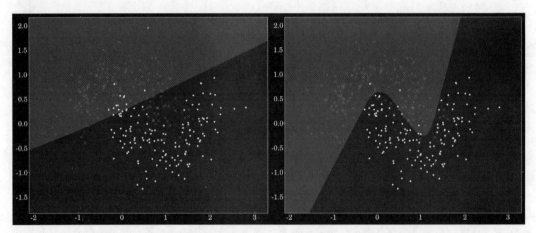

图 3.30　隐藏层为二维（左）和三维（右）时的分类结果

用 Keras 实现时的代码并没什么太大变化。首先准备训练数据和测试数据。

```
N = 300
X, y = datasets.make_moons(N, noise-0.3)

X_train, X_test, y_train, y_test = train_test_split(X, y, train_size=0.8)
```

然后生成模型。

```
model = Sequential()
model.add(Dense(3, input_dim=2))
model.add(Activation('sigmoid'))
model.add(Dense(1))
model.add(Activation('sigmoid'))
model.compile(loss='binary_crossentropy',
```

```
            optimizer=SGD(lr=0.05),
            metrics=['accuracy'])
```

与之前不一样的是最后 metrics=['accuracy'] 的部分。只需通过这部分代码，Keras 就会帮我们算出 accuracy。接着，通过下述代码开始训练。

```
model.fit(X_train, y_train, epochs=500, batch_size=20)
```

最后确认结果。

```
loss_and_metrics = model.evaluate(X_test, y_test)
print(loss_and_metrics)
```

运行结果如下所示。

```
[0.25150140027205148, 0.88333332141240439]
```

结果的第一个元素是误差函数的值，第二个元素是预测精度的值。这次得到的结果是精度约为 88%[16]，但需要注意的是，这只是通过本次实验的参数组合和初始值得到的结果，并不能说明 TensorFlow 比 Keras 更优秀。

▶16 Keras 是对 TensorFlow 进行了封装的库，Keras 和 TensorFlow 有的版本的组合存在 ng.random.seed() 等函数的随机数 seed 不符合预期的情况。这个问题在 Keras 的项目主页上也有讨论（https://github.com/fchollet/keras/issues/2280）。所以对于这次实验以及以后实验的预测精度，写在本书上的结果和读者在自己的环境下操作后的结果可能不尽相同，但这对本书的主题内容没有影响。

3.8 小结

本章作为学习深度学习之前的准备章节，从基础知识开始深入学习了神经网络的算法。本章依次介绍了简单感知机、逻辑回归和多层感知机的知识。相信学完本章之后，大家应该已经理解了人脑的结构是如何转换成数学表达式的，还有应该如何用代码去实现它们。

无论模型简单还是复杂，模型训练的基本流程都可以归结为以下 4 步。

1. 用表达式表示模型的输出

2. 定义误差函数

3. 为了让误差函数最小化，求各个参数的梯度

4. 通过随机梯度下降法探索最优的参数

从下一章开始，我们将要进入到学习深度学习理论的阶段，不过相信只要大家掌握了这个基本流程，今后无论遇到什么模型，都可以从容应对。

第4章

深度神经网络

从本章开始，我们将学习深度学习的理论和实现。虽然叫作深度学习，但它基本上就是前面接触过的神经网络模型的扩展形态，只要掌握好基本理论，理解起来就不会有太大的问题。让我们一起来了解从神经网络变为"深度"神经网络的过程中出现的问题，以及解决这些问题要用到的技术。

4.1 进入深度学习之前的准备

只有输入层和输出层的神经网络模型只能进行线性分类，连异或门那样简单的情况都无法训练。但是，正如在逻辑门中对与门、或门、非门进行组合即可得到异或门的做法一样，在神经网络的领域中也可以通过增加隐藏层的方式来支持非线性分类。神经网络会根据各神经元激活与否的不同组合，对输入数据进行分类，所以与逻辑电路一样，用增加神经元的数量并对神经元进行组合的方法，就可以识别和分类更复杂的模型。为此可以考虑以下两种做法。

- 增加隐藏层中的神经元个数
- 增加隐藏层的个数

尤其是第二种做法可以使神经网络的层更深。这种拥有深层的网络被称为**深度神经网络**（deep neural network），而对深度神经网络进行训练的方法就称为**深度学习**（deep learning），或者**深层学习**。

下面我们来做一个简单的实验。之前在实验中用的都是玩具问题的数据，这里我们将使用叫作 **MNIST**[1] 的真实数据。MNIST 是基准测试的数据集，常用来比较神经网络的预测精度。它由 70 000 张手写数字 0 到 9 的图片（其中 60 000 张用于训练，10 000 张用于测试）构成。图 4.1 是其中的部分图片。每张图片的大小都是 28 像素 × 28 像素。

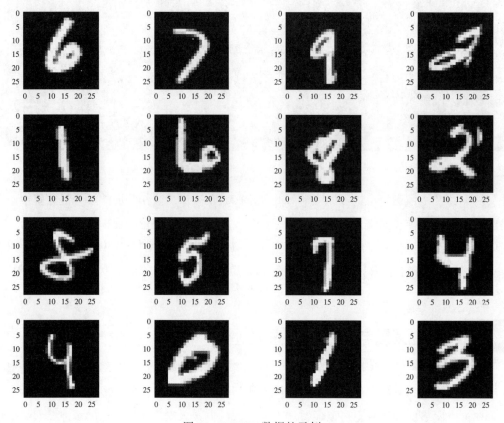

图 4.1　MNIST 数据的示例

使用 sklearn 即可读取 MNIST 数据 [2]。

```
from sklearn import datasets
mnist = datasets.fetch_mldata('MNIST original', data_home='.')
```

▶1　http://yann.lecun.com/exdb/mnist

▶2　也可以在使用 TensorFlow 时用 from tensorflow.examples.tutorials.mnist import input_data，在使用 Keras 时用 from keras.datasets import mnist 的方法读取 MNIST 的数据；只是，使用 sklearn 就可以在这两个库（以及其他的库或者自行实现的代码）上用同样的代码读取 MNIST 数据。

通过以上两行代码即可将 MNIST 的压缩文件下载到 data_home 指定的目录下（在这里是执行脚本的目录）[3]。以后只要读取本地的数据即可快速进行处理。数据被分为 mnist.data 和 mnist.target，前者是将图片转灰度后的图像数据，后者是实际与图片相对应的从 0 到 9 的数字数据[4]。

虽然可以用 MNIST 的全部 70 000 个数据进行实验，但是为了简单起见，这里就选用训练数据和测试数据合计 10 000 个数据进行实验。随机选取 10 000 张图片的代码如下。

```
n = len(mnist.data)
N = 10000  # 选取部分 MNIST 数据进行实验
indices = np.random.permutation(range(n))[:N] # 随机选择 N 个数据
X = mnist.data[indices]
y = mnist.target[indices]
Y = np.eye(10)[y.astype(int)] # 转换为 1-of-K 形式

X_train, X_test, Y_train, Y_test = train_test_split(X, Y, train_size=0.8)
```

首先尝试用一般的多层感知机模型进行预测。令输入层的维度为 784，相应隐藏层的维度为 200。实现方法与之前的相同，使用 Keras 实现的代码如下所示。

```
'''
模型的设置
'''
n_in = len(X[0])  # 784
n_hidden = 200
n_out = len(Y[0])  # 10

model = Sequential()
model.add(Dense(n_hidden, input_dim=n_in))
model.add(Activation('sigmoid'))
```

▶3　fetch_mldata 可以从 http://mldata.org 网站上下载数据，但是如果由于某种原因这个网站不能提供服务，它就获取不到数据了。这时可以使用本书随书下载代码包中的 mldata，这个文件夹中保存了同样的数据。然后用 $ mkdir ./mldata 创建 mldata 目录，将下载的文件放在此目录下，程序就可以运行了。

▶4　mnist.data 实际上是长度为 28×28＝784 的一维数组，可以用 print(mnist.data[0]) 等确认这一点。如果想把它转为 28×28 的数组，需要用到 mnist.data[0].reshape(28, 28) 等代码。不过目前为止我们接触到的神经网络的模型，其输入层的数据形式都是一维数组，所以无须对 mnist.data 进行转化。

```
model.add(Dense(n_out))
model.add(Activation('softmax'))

model.compile(loss='categorical_crossentropy',
              optimizer=SGD(lr=0.01),
              metrics=['accuracy'])

'''
模型的训练
'''
epochs = 1000
batch_size = 100

model.fit(X_train, Y_train, epochs=epochs, batch_size=batch_size)

'''
评估预测精度
'''
loss_and_metrics = model.evaluate(X_test, Y_test)
print(loss_and_metrics)
```

运行这段代码，可以得到预测精度（准确率）为 87.30% 的结果。这个结果比较一般，我们还可以让它的预测精度更高。下面来看一看增加隐藏层的神经元个数后的效果。神经元个数为 400、2000、4000 时的结果如表 4.1 所示。

表 4.1　修改隐藏层神经元个数之后

神经元个数	准确率（%）
200	87.30
400	88.80
2000	90.70
4000	85.95

从表中可以看出，增加神经元个数可以提升预测精度，但并不是越多就越好。而且，在这里我们还必须注意计算的执行时间。令各层的神经元个数分别为 n_i、n_h、n_o，各个神经元之间的连接数为 $(n_i \cdot n_h) + (n_h \cdot n_o)$，那么在能实现的预测精度相同的情况下，$n_h$ 越小越好。

这说明增加神经元个数的做法是有局限性的。那么增加隐藏层个数的做法怎么样呢？让所有隐藏层中的神经元个数均为 200 个，然后只增加以下 2 行代码。

```
model.add(Dense(n_hidden))
model.add(Activation('sigmoid'))
```

这样模型整体的代码如下所示（有 3 个隐藏层的情况）。

```
model = Sequential()
model.add(Dense(n_hidden, input_dim=n_in))
model.add(Activation('sigmoid'))

model.add(Dense(n_hidden))
model.add(Activation('sigmoid'))

model.add(Dense(n_hidden))
model.add(Activation('sigmoid'))

model.add(Dense(n_out))
model.add(Activation('softmax'))
```

隐藏层数分别为 1、2、3、4 时的预测结果如表 4.2 所示。层越多，能够表示的模型应该越复杂，可实际情况是预测精度不但没有提高，反而还降低了。尤其是隐藏层数为 4 时的结果，几乎没有完成训练。

表 4.2　修改隐藏层个数之后

隐藏层个数	准确率（%）
1	87.30
2	87.30
3	82.20
4	36.20

即使深度学习的方法本身非常简单，但在实际的模型训练过程中，只是简单地增加隐藏层的个数也不能达到预期的效果。模型的层数越深，模型能够表现以及分类的模式应该是越多的。我们需要找到导致训练没能顺利进行的原因，进而思考如何去解决这个问题。

4.2　训练过程中的问题

4.2.1　梯度消失问题

我们已经知道，只是简单地增加隐藏层的个数不会使神经网络模型的训练效果更好。其中一个原因就是**梯度消失问题**（vanishing gradient problem）。在训练模型时为了寻求最优解，需要计算各参数的梯度，而梯度消失问题正如其字面意思一样，是梯度会消失（等于0）的问题。如果梯度消失，反向传播算法就不能像设想的那样工作了。从表 4.2 的结果也可以看出，层数越多，梯度消失问题就越严重，其中的缘由值得我们思考。

作为简单的例子，我们来看一下图 4.2 所示的有 2 个隐藏层的神经网络。为了简单起见，图中没有画出所有神经元之间的连接，但与之前的一样，各层之间的神经元是全连接的。令输入层的值为 $\boldsymbol{x}$，隐藏层的值分别为 $\boldsymbol{h}_{(1)}$、$\boldsymbol{h}_{(2)}$，输出层的值为 $\boldsymbol{y}$。各层之间的权重矩阵为 $\boldsymbol{W}$、$\boldsymbol{V}$、$\boldsymbol{U}$，偏置向量为 $\boldsymbol{b}$、$\boldsymbol{c}$、$\boldsymbol{d}$，另外使用 sigmoid 函数 $\sigma(\cdot)$ 作为激活函数，那么每层神经元的输出表达式可以如下所示。

$$\boldsymbol{h}_{(1)} = \sigma(\boldsymbol{W}\boldsymbol{x} + \boldsymbol{b}) \tag{4.1}$$

$$\boldsymbol{h}_{(2)} = \sigma(\boldsymbol{V}\boldsymbol{h}_{(1)} + \boldsymbol{c}) \tag{4.2}$$

$$\boldsymbol{y} = \text{softmax}(\boldsymbol{U}\boldsymbol{h}_{(2)} + \boldsymbol{d}) \tag{4.3}$$

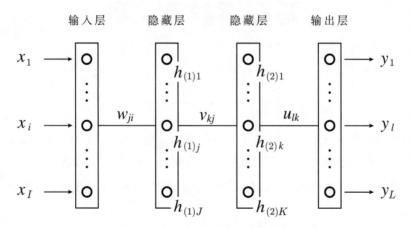

图 4.2　有 2 个隐藏层的神经网络

接下来的做法与进行多层感知机模型化时的做法相同，首先进行如下定义。

$$p := Wx + b \tag{4.4}$$

$$q := Vh_{(1)} + c \tag{4.5}$$

$$r := Uh_{(2)} + d \tag{4.6}$$

那么权重 $W = (w_1\, w_2 \cdots w_J)^{\mathrm{T}}$ 的梯度可以表示如下。

$$\frac{\partial E_n}{\partial w_j} = \frac{\partial E_n}{\partial p_j}\frac{\partial p_j}{\partial w_j} = \frac{\partial E_n}{\partial p_j}x \tag{4.7}$$

因此只需考虑 $\frac{\partial E_n}{\partial p_j}$ 即可。应用偏微分的连锁律，得到下列表达式。

$$\frac{\partial E_n}{\partial p_j} = \sum_{k=1}^{K} \frac{\partial E_n}{\partial q_k}\frac{\partial q_k}{\partial p_j} \tag{4.8}$$

$$= \sum_{k=1}^{K} \frac{\partial E_n}{\partial q_k}\Big(\sigma'(p_j)v_{kj}\Big) \tag{4.9}$$

网络为 3 层时，这个表达式就如式 (3.92) 那样，可以直接求得各个梯度了。

如果网络有 4 层，那么还必须去计算 $\frac{\partial E_n}{\partial q_k}$。于是再一次应用偏微分的连锁律，得到下列表达式。

$$\frac{\partial E_n}{\partial q_k} = \sum_{l=1}^{L} \frac{\partial E_n}{\partial r_l}\frac{\partial r_l}{\partial q_k} \tag{4.10}$$

$$= \sum_{l=1}^{L} \frac{\partial E_n}{\partial r_l}\Big(\sigma'(q_k)u_{lk}\Big) \tag{4.11}$$

$\frac{\partial E_n}{\partial r_l}$ 是输出层的部分，所以有以下表达式成立。

$$\frac{\partial E_n}{\partial r_l} = -(t_l - y_l) \tag{4.12}$$

也就是说，这部分相当于网络的误差，所以先进行下列定义，

$$\delta_j := \frac{\partial E_n}{\partial p_j} \tag{4.13}$$

$$\delta_k := \frac{\partial E_n}{\partial q_k} \tag{4.14}$$

$$\delta_l := \frac{\partial E_n}{\partial r_l} \tag{4.15}$$

然后如下推导出 4 层网络的反向传播算法的表达式。

$$\delta_j = \sum_{k=1}^{K} \sigma'(p_j) v_{kj} \delta_k \tag{4.16}$$

$$= \sum_{l=1}^{L} \sum_{k=1}^{K} \Big(\sigma'(q_k) \sigma'(p_j) \Big) \Big(u_{lk} v_{kj} \Big) \delta_l \tag{4.17}$$

即使隐藏层的个数增加，通过重复应用偏微分的连锁律，也可以固定各参数的梯度的表达式。

这样理论上是没有问题了，可在实际使用这个算法时存在着很大的问题。从式 (4.17) 可以看出，反向传播表达式的一部分是 sigmoid 函数微分的乘积，而 sigmoid 函数的导函数是下面这样的。

$$\sigma'(x) = \sigma(x)(1 - \sigma(x)) \tag{4.18}$$

这个函数的图形如图 4.3 所示。从图中可以看出，sigmoid 函数的导函数 $\sigma'(x)$ 在 $x = 0$ 时取得最大值 $\sigma'(0) = 0.25$。这就意味着式 (4.17) 的系数最大也只有 0.25^2，如果隐藏层有 N 层，那么计算误差时会被乘上一个系数 A_N，$A_N \leqslant 0.25^N < 1$。因此，随着隐藏层数量的增加，会出现误差项的值快速趋近于 0 的问题。这就是梯度消失问题的原因。为了避免这个问题出现，我们需要想出"微分之后值不会变小的激活函数"等策略。

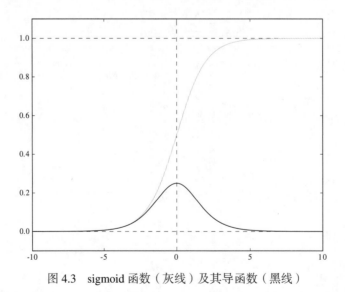

图 4.3　sigmoid 函数（灰线）及其导函数（黑线）

此外，梯度消失问题在层不深的情况下也有可能出现。尤其是当每层的维度都很多时，

sigmoid 激活函数的输入 $\boldsymbol{Wx} + \boldsymbol{b}$ 的值都会比较大，即使层不深，也容易出现梯度消失问题 [5]。

4.2.2 过拟合问题

除梯度消失问题以外，还有一个大问题——**过拟合**（overfitting）。它也叫作**过度学习**或者**过度适应**，正如其字面意思一样，指模型陷入"对数据过度学习"的状态。这会导致什么问题呢？让我们来看一个简单的例子。如图 4.4 所示的 30 个遵循真正的分布 $f(x) = \cos\left(\frac{3\pi}{2}x\right)$ 的数据。

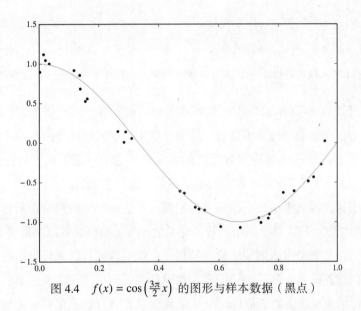

图 4.4　$f(x) = \cos\left(\frac{3\pi}{2}x\right)$ 的图形与样本数据（黑点）

如果很快就能找出真正的分布（函数），那当然皆大欢喜，可是只根据实际得到的样本数据很难找出完全匹配的真正分布。于是在神经网络（以及其他数据分类和预测的方法）中，会根据得到的数据找出尽可能接近真正分布的近似分布，然后以此来提高预测精度。因此，如何设置用于表示近似的函数就很重要了。

比如把下面的多项式函数用作真正的分布的近似。

$$\hat{f}(x) = a_0 + a_1 x + a_2 x^2 + \cdots + a_n x^n = \sum_{i=0}^{n} a_i x^i \tag{4.19}$$

表达式中的 n 越大，表达式就越可以用作复杂函数的近似（$n = 1$ 时只能表示直线，而

---

[5] 这时 sigmoid 函数的值 $\sigma(x) \to 1$，不再变动，这种现象叫作**饱和**（saturation）现象。

$n = 2$ 时还能够表示曲线）。那么 n 越大就越好吗？并不是的。图 4.5 是分别对 $n = 1, 4, 16$ 时得到的 30 个数据的真正分布取近似的结果。

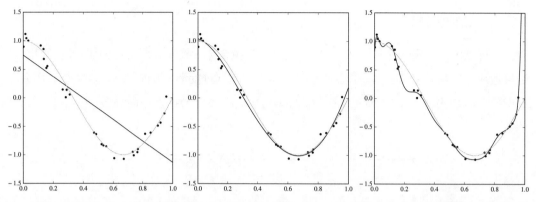

图 4.5 　基于 1 次函数的近似（左）、基于 4 次函数的近似（中）、基于 16 次函数的近似（右）

只能表示直线的 $n = 1$ 的函数不能很好地近似，而能够进行更复杂近似的 $n = 16$ 的函数却过度近似了，它只能匹配样本数据，结果反而偏离了真正的分布。对于这种样本数据数量有限的情况，函数即使与给定数据匹配得很好，也不一定适用于新拿到的数据。像 $n = 16$ 的函数这样，过于匹配样本数据的情况就是"过拟合" ▶6。

过拟合对于神经网络来说是一个很大的问题。不管是增加隐藏层中的神经元个数，还是增加隐藏层的个数，只要整个网络的神经元个数增加，模型就可以表现更为复杂的模式。但是，正如我们在上面考察的例子中看到的那样，仅对训练数据进行复杂的匹配，很有可能得到与实际的数据分布大相径庭的分布。这也就是说，虽然在训练模型时会以误差函数 E 的最小化为目标去更新参数的值，但只是单纯地对 E 进行最小化有可能导致过拟合，所以并不是一味地进行最小化就好。如果在实验中碰到对训练数据预测得很好，而对测试数据预测得不好的情况，首先就要怀疑是不是发生了过拟合。

4.3 　训练的高效化

通过上一节的学习我们知道，在考虑深度学习网络时，为了正确地进行训练需要解决许多问题。不过，不管是梯度消失问题还是过拟合问题，我们已经清楚原因了，剩下的就是思考如何解决这些问题。深度学习就是一种技术的集合，用来解决在网络深层化时出现

▶6 　与过拟合（overfitting）相对的词汇是**欠拟合**（underfitting），指的是像 $n = 1$ 时那样未能取得近似分布的情况。

的问题。其中的每一个技术都不难掌握,让我们依次去理解它们。

4.3.1 激活函数

在了解多层感知机的模型化时学过,输出层的激活函数必须是能输出概率的函数,一般用的是 sigmoid 函数或 softmax 函数,但理论上,隐藏层的激活函数只要是"收到小值就输出小值,收到大值就输出大值"的函数即可。如果用 sigmoid 函数会导致梯度消失,那么可以考虑用别的激活函数来避免这个问题发生。

4.3.1.1 双曲正切函数

至于应该用什么样的激活函数,我们首先看一看有没有"与 sigmoid 函数形式相似,但梯度不容易消失"的函数。**双曲正切函数**(hyperbolic tangent function)满足这个条件。这个函数记作 $\tanh(x)$,定义式如下所示。

$$\tanh(x) = \frac{\mathrm{e}^x - \mathrm{e}^{-x}}{\mathrm{e}^x + \mathrm{e}^{-x}} \tag{4.20}$$

函数的图形如图 4.6 所示。虽然与 sigmoid 函数 $\sigma(x)$ 形式相似[7],但是请注意,在 $-\infty < x < +\infty$ 区间内,$0 < \sigma(x) < 1$,而 $-1 < \tanh(x) < 1$。

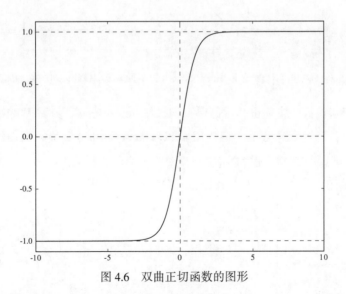

图 4.6　双曲正切函数的图形

---

[7]　sigmoid 函数与双曲正切函数之间有 $\tanh(x) = 2\sigma(2x) - 1$ 的关系,所以二者的形式相似并不奇怪。将 sigmoid 函数"横向缩短、纵向拉长"(即缩放)之后就可以得到双曲正切函数。

如果将双曲正切函数用作激活函数，那么在求梯度时需要用到 $\tanh'(x)$，如式 (4.21) 所示。

$$\tanh'(x) = \frac{4}{(e^x + e^{-x})^2} \tag{4.21}$$

它的图形如图 4.7 所示。sigmoid 函数的导函数 $\sigma'(x)$ 的最大值为 $\sigma'(0) = 0.25$，而 $\tanh'(x)$ 的最大值是 $\tanh'(0) = 1$，从这一点可以得知，与 sigmoid 函数相比，双曲正切函数的梯度更不容易消失。

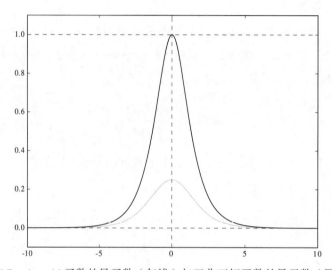

图 4.7　sigmoid 函数的导函数（灰线）与双曲正切函数的导函数（黑线）

使用双曲正切函数的实现也非常简单，如果用 TensorFlow，只需用 tf.nn.tanh() 替换 tf.nn.sigmoid()；而如果用 Keras，只需用 Activation('tanh') 替换 Activation('sigmoid') 即可。接下来，试着用 10 000 张 MNIST 数据对有 4 个隐藏层的网络做一下测试，这是在使用 sigmoid 函数时没能成功训练的。用 Keras 库进行实现的代码（模型部分）如下所示。

```
model = Sequential()
model.add(Dense(n_hidden, input_dim=n_in))
model.add(Activation('tanh'))

model.add(Dense(n_hidden))
model.add(Activation('tanh'))

model.add(Dense(n_hidden))
```

```
model.add(Activation('tanh'))

model.add(Dense(n_hidden))
model.add(Activation('tanh'))

model.add(Dense(n_out))
model.add(Activation('softmax'))

model.compile(loss='categorical_crossentropy',
              optimizer=SGD(lr=0.01),
              metrics=['accuracy'])
```

运行后得到了预测精度 91.60% 的结果，的确完成了训练 [8]，[9]。

4.3.1.2 ReLU

使用双曲正切函数以后，虽然梯度不容易消失了，但是和使用 sigmoid 函数时一样，在处理高维度的数据时，函数的输入值变大导致梯度消失的问题依然存在。一般数据越复杂，数据的维度就越高，因此使用能够避开这个问题的激活函数是最理想的。**ReLU**（Rectified Linear Unit）就是满足这个要求的函数 [10]。其定义式如下所示。

$$f(x) = \max(0, x) \tag{4.22}$$

ReLU 的图形如图 4.8 所示。这个函数的特点是没有曲线部分，这一点与 sigmoid 函数和双曲正切函数不同。对它进行微分后得到以下函数。

$$f'(x) = \begin{cases} 1 & (x > 0) \\ 0 & (x \leqslant 0) \end{cases} \tag{4.23}$$

从中可以看出它的导函数是一个阶跃函数。

无论 x 的值多大，ReLU 的导函数都返回 1，所以梯度不会消失。另外，它可以提高训练速度，比用 sigmoid 函数和双曲正切函数时都要快。ReLU 及其导函数中没有指数函数的计算，用简单的表达式即可表示，因此它还有计算速度快的优点 [11]。

---

[8] 书中没有附上用 TensorFlow 库开发的代码，有兴趣的读者请参考本书随书下载代码包中的 4/tensorflow/01_mnist_tanh_tensorflow.py。

[9] 分别使用 sigmoid 函数和双曲正切函数作为激活函数的比较实验及考察在文献 [1] 中有详细的论述，请参考。

[10] 中文中有时候称之为**线性整流函数**或**修正线性单元**，但一般来说直接叫 ReLU 的时候更多，所以本书也采用 ReLU 的叫法。

[11] 有关使用 ReLU 作为激活函数可以提高学习效率的结论，在文献 [2] 中有详细的论述。

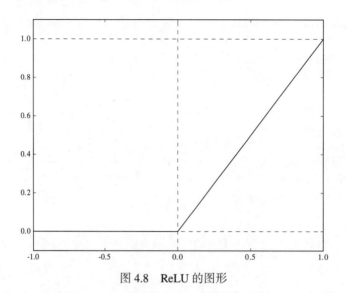

图 4.8　ReLU 的图形

　　不过在 $x \leqslant 0$ 时，函数的值以及梯度都是 0，所以在使用 ReLU 作为激活函数的网络中，会出现神经元只要有一次不激活，整个训练过程中就一直不激活的现象。尤其是将学习率设置为很大的值时，神经元的值会在最开始的误差反向传播中变得过小，导致该神经元就像在网络中不存在一样。大家需要注意这个问题。不过 ReLU 还是因为其优点成为了深度学习中最常用的一个激活函数。

　　使用 ReLU 的实现也非常简单，用 TensorFlow 和 Keras 开发时分别使用 tf.nn.relu() 和 Activation('relu') 即可。下面的代码就是使用 Keras 库进行开发的示例，与用双曲正切函数时一样，可以将模型定义如下。

```
model = Sequential()
model.add(Dense(n_hidden, input_dim=n_in))
model.add(Activation('relu'))

model.add(Dense(n_hidden))
model.add(Activation('relu'))

model.add(Dense(n_hidden))
model.add(Activation('relu'))

model.add(Dense(n_hidden))
model.add(Activation('relu'))
```

```
model.add(Dense(n_out))
model.add(Activation('softmax'))

model.compile(loss='categorical_crossentropy',
              optimizer=SGD(lr=0.01),
              metrics=['accuracy'])
```

执行这段代码迭代 50 次，得到预测精度 93.5% 的结果 ▶12。

4.3.1.3 Leaky ReLU

Leaky ReLU 函数（以下简称 LReLU）相当于 ReLU 的改进版，其定义式如下。

$$f(x) = \max(\alpha x, x) \tag{4.24}$$

这里的 α 表示 0.01 等较小的常数。LReLU 的图形如图 4.9 所示。该函数与 ReLU 的不同在于 αx 部分，所以在 $x < 0$ 时有一个微小的倾斜（α）。通过对 LReLU 进行微分也能够确认这一点。

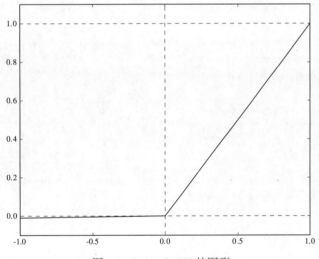

图 4.9 Leaky ReLU 的图形

$$f'(x) = \begin{cases} 1 & (x > 0) \\ \alpha & (x \leqslant 0) \end{cases} \tag{4.25}$$

▶12 使用 TensorFlow 库实现的代码在本书随书下载代码包中的 4/tensorflow/02_mnist_relu_tensorflow.py 中。

ReLU 在 $x < 0$ 时梯度会消失，所以有训练结果不稳定的问题，而 LReLU 在 $x < 0$ 时也能够训练，理论上它应该是比 ReLU 更有效果的激活函数。不过，实际上它有时有效果，有时没效果，至于什么时候才有效果，现在还不明确 ▶13。

如果想在代码中使用 LReLU，需要自行定义，因为 TensorFlow 尚未提供相关 API。不过 LReLU 的表达式一点都不难，只要进行如下定义，

```python
def lrelu(x, alpha=0.01):
    return tf.maximum(alpha * x, x)
```

然后把前面代码中的 tn.nn.relu() 换成 lrelu() 即可。修改后的模型输出部分的代码如下所示。

```python
# 输入层 – 隐藏层
W0 = tf.Variable(tf.truncated_normal([n_in, n_hidden], stddev=0.01))
b0 = tf.Variable(tf.zeros([n_hidden]))
h0 = lrelu(tf.matmul(x, W0) + b0)

# 隐藏层 – 隐藏层
W1 = tf.Variable(tf.truncated_normal([n_hidden, n_hidden], stddev=0.01))
b1 = tf.Variable(tf.zeros([n_hidden]))
h1 = lrelu(tf.matmul(h0, W1) + b1)

W2 = tf.Variable(tf.truncated_normal([n_hidden, n_hidden], stddev=0.01))
b2 = tf.Variable(tf.zeros([n_hidden]))
h2 = lrelu(tf.matmul(h1, W2) + b2)

W3 = tf.Variable(tf.truncated_normal([n_hidden, n_hidden], stddev=0.01))
b3 = tf.Variable(tf.zeros([n_hidden]))
h3 = lrelu(tf.matmul(h2, W3) + b3)

# 隐藏层 – 输出层
W4 = tf.Variable(tf.truncated_normal([n_hidden, n_out], stddev=0.01))
b4 = tf.Variable(tf.zeros([n_out]))
y = tf.nn.softmax(tf.matmul(h3, W4) + b4)
```

Keras 库提供了 LReLU，不过它不在我们前面从 keras.layers.core 导入的 Activation

▶13　比如最早提出 LReLU 的文献 [3] 中就提到过 “使用 LReLU 没有效果”。

中，而是在 keras.layers.advanced_activations 中。所以，首先在文件的开头进行导入。

```
from keras.layers.advanced_activations import LeakyReLU
```

然后编写如下代码。

```
alpha = 0.01

model = Sequential()
model.add(Dense(n_hidden, input_dim=n_in))
model.add(LeakyReLU(alpha=alpha))

model.add(Dense(n_hidden))
model.add(LeakyReLU(alpha=alpha))

model.add(Dense(n_hidden))
model.add(LeakyReLU(alpha=alpha))

model.add(Dense(n_hidden))
model.add(LeakyReLU(alpha=alpha))

model.add(Dense(n_out))
model.add(Activation('softmax'))
```

4.3.1.4 Parametric ReLU

LReLU 在 $x < 0$ 时的梯度 α 是固定的，把这个梯度也通过训练进行最优化的方法叫作 **Parametric ReLU**（以下简称 PReLU）。假设激活之前的值（向量）为 $\boldsymbol{p} := (p_1 \cdots p_j \cdots p_J)^\mathrm{T}$，那么激活函数 PReLU 可以表示为如下所示的 $f(\cdot)$ 函数。

$$f(p_j) = \begin{cases} p_j & (p_j > 0) \\ \alpha_j p_j & (p_j \leqslant 0) \end{cases} \tag{4.26}$$

这也就意味着 PReLU 中用到的不是标量 α，而是向量 $\boldsymbol{\alpha} := (\alpha_1 \cdots \alpha_j \cdots \alpha_J)^\mathrm{T}$。

由于这个向量是需要最优化的参数（之一），所以与权重和偏置的最优化一样，对误差函数 E 的 α_j 求梯度即可。使用偏微分的连锁律对其进行计算，可以得到以下表达式。

$$\frac{\partial E}{\partial \alpha_j} = \sum_{pj} \frac{\partial E}{\partial f(p_j)} \frac{\partial f(p_j)}{\partial \alpha_j} \tag{4.27}$$

右边两项中的 $\frac{\partial E}{\partial f(p_j)}$ 是从上一层（也就是正向传播的下一层）反向传播来的误差项，所以是已知的。此外，根据式 (4.26) 可以如下求得 $\frac{\partial f(p_j)}{\partial \alpha_j}$。

$$\frac{\partial f(p_j)}{\partial \alpha_j} = \begin{cases} 0 & (p_j > 0) \\ p_j & (p_j \leqslant 0) \end{cases} \tag{4.28}$$

因此梯度可计算，我们可以通过随机梯度下降法对参数进行最优化了。

和 LReLU 时一样，TensorFlow 也没有提供 PReLU 的 API，所以在实现时需要自行定义 PReLU 函数。式 (4.26) 可以替换为如下所示的表达式，

$$f(pj) = \max(0, p_j) + \alpha_j \min(0, p_j) \tag{4.29}$$

所以用这个只有 1 行的公式来实现比较好。这样定义的 prelu() 的代码如下所示。

```
def prelu(x, alpha):
    return tf.maximum(tf.zeros(tf.shape(x)), x) \
        + alpha * tf.minimum(tf.zeros(tf.shape(x)), x)
```

另外，由于 α 是参数，所以各层的定义如下所示。

```
# 输入层 - 隐藏层
W0 = tf.Variable(tf.truncated_normal([n_in, n_hidden], stddev=0.01))
b0 = tf.Variable(tf.zeros([n_hidden]))
alpha0 = tf.Variable(tf.zeros([n_hidden]))
h0 = prelu(tf.matmul(x, W0) + b0, alpha0)

# 隐藏层 - 隐藏层
W1 = tf.Variable(tf.truncated_normal([n_hidden, n_hidden], stddev=0.01))
b1 = tf.Variable(tf.zeros([n_hidden]))
alpha1 = tf.Variable(tf.zeros([n_hidden]))
h1 = prelu(tf.matmul(h0, W1) + b1, alpha1)

W2 = tf.Variable(tf.truncated_normal([n_hidden, n_hidden], stddev=0.01))
b2 = tf.Variable(tf.zeros([n_hidden]))
alpha2 = tf.Variable(tf.zeros([n_hidden]))
h2 = prelu(tf.matmul(h1, W2) + b2, alpha2)
```

```
W3 = tf.Variable(tf.truncated_normal([n_hidden, n_hidden], stddev=0.01))
b3 = tf.Variable(tf.zeros([n_hidden]))
alpha3 = tf.Variable(tf.zeros([n_hidden]))
h3 = prelu(tf.matmul(h2, W3) + b3, alpha3)

# 隐藏层 – 输出层
W4 = tf.Variable(tf.truncated_normal([n_hidden, n_out], stddev=0.01))
b4 = tf.Variable(tf.zeros([n_out]))
y = tf.nn.softmax(tf.matmul(h3, W4) + b4)
```

用 Keras 库的实现与实现 LeakyReLU 时一样，也需要从 `keras.layers.advanced_activations` 中导入 PReLU。修改后的模型代码如下所示 ▶14。

```
from keras.layers.advanced_activations import PReLU

model = Sequential()
model.add(Dense(n_hidden, input_dim=n_in))
model.add(PReLU())

model.add(Dense(n_hidden))
model.add(PReLU())

model.add(Dense(n_hidden))
model.add(PReLU())

model.add(Dense(n_hidden))
model.add(PReLU())

model.add(Dense(n_out))
model.add(Activation('softmax'))

model.compile(loss='categorical_crossentropy',
              optimizer=SGD(lr=0.01),
              metrics=['accuracy'])
```

除了在 $x \leqslant 0$ 时引入梯度的 LReLU 和 PReLU 以外，人们还提出了许多派生于 ReLU 的激活函数。比如在训练时从均匀随机数中选择梯度，而测试时使用其平均值的 **Randomized ReLU**（以下简称 RReLU），还有使用下面的 $f(\cdot)$ 的 **Exponential Linear Units**（以下简称 ELU）等。

▶14 提出了 PReLU 的文献 [4] 中还总结了 PReLU 与其他方法的比较实验等内容，请参考。

$$f(x) = \begin{cases} x & (x > 0) \\ e^x - 1 & (x \leqslant 0) \end{cases} \tag{4.30}$$

但无论用哪个激活函数，基本的思路都是一样的。至于"应该用哪个激活函数做实验"的问题，建议首先选择 ReLU 或者 LReLU，一般来说这两个基本就能满足需求。关于 RReLU 和 ELU 的详细内容请参考文献 [5] 和文献 [6]。

4.3.2 Dropout

通过对激活函数进行完善，我们解决了梯度消失问题。不过在训练深度神经网络的过程中，还有一个拦路虎：过拟合问题。我们把不针对训练数据进行优化且以提高测试数据（未知数据）预测精度为目的的模式分类称为**泛化**（generalization）。为了防止过拟合，我们需要提高模型的泛化能力。

好在有简单的方法可以提高神经网络的泛化能力。这个方法叫作 **dropout**，其含义与字面意思相同，指的是在训练时随机 "dropout"（除去）神经元的方法。图 4.10 是一个应用了 dropout 的神经网络示例。被标记为 × 的神经元就是被 dropout 的神经元，它们就像"在网络中不存在"一样。每次训练时都会随机选取要 dropout 的神经元，这样整个训练过程中参数的值就会得以调整。dropout 的概率是 p，一般选择 $p = 0.5$。在训练结束后的测试和预测阶段，虽然不进行 dropout，但是会做一些调整，比如，权重为 $\boldsymbol{W}$ 时的输出就会使用整个训练过程的"平均值" $(1 - p)\boldsymbol{W}$。

为什么 dropout 可以提高泛化能力呢？一个比较好理解的解释是，使用 dropout 后，实质上生成并训练了多个网络，然后是利用这多个网络进行预测的。如果只训练一个模型，很容易发生过拟合，但是训练多个模型再分别去预测，得到的就是"集体智慧"，可以规避发生过拟合的风险。生成多个模型并进行训练的做法称为**集成学习**（ensemble learning）。由于应用了 dropout 的神经网络模型实际上只有一个，所以 dropout 的做法近似于集成学习[15]。

那么该如何用数学表达式表示 dropout 呢？其实并不难，只需让神经元乘以随机取 0 或 1 的"掩码"（mask）即可。假定有向量 $\boldsymbol{m} := (m_1 \cdots m_j \cdots m_J)^{\mathrm{T}}$，其中 m_j 是有 $(1 - p)$ 的概率取 1，有 p 的概率取 0 的值。如果未使用 dropout，那么网络在某一层的正向传播的表达式如式 (4.31) 所示。

---

[15] 在 **4.3.1.4 节**介绍的 Randomized ReLU 所做的也是集成学习。

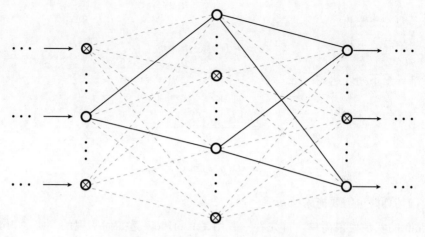

图 4.10　应用了 dropout 的神经网络示例

$$h_1 = f(Wx + b) \tag{4.31}$$

如果使用 dropout，就等于在表达式中加入掩码，这时正向传播的表达式就会变成下面这样。

$$h_1 = f(Wx + b) \odot m \tag{4.32}$$

这说明只需乘以掩码向量 m 即可表示 dropout，表达式的形式非常简单。不过需要注意的是，既然在正向传播时使用了掩码项，那么在反向传播时也要带上掩码项。如下定义 h_1 的下一层，

$$h_2 = g(Vh_1 + c) \tag{4.33}$$

那么对于下列表达式，

$$p := Wx + b \tag{4.34}$$

$$q := Vh_1 + c \tag{4.35}$$

误差项 e_{h_1}、e_{h_2} 分别表示如下（参考式 (3.97) ~ 式 (3.101)）。

$$e_{h_1} := \frac{\partial E_n}{\partial p} \tag{4.36}$$

$$e_{h_2} := \frac{\partial E_n}{\partial q} \tag{4.37}$$

又由于以下表达式成立，

$$q = Vf(p) \odot m + c \tag{4.38}$$

所以可以推导出下列表达式，

$$e_{h_1} = \frac{\partial E_n}{\partial q}\frac{\partial q}{\partial p} \tag{4.39}$$

$$= f'(p) \odot m \odot V^{\mathrm{T}}e_{h_2} \tag{4.40}$$

说明在反向传播时也需要掩码项 m。

　　dropout 的实现也很简单。首先看一看用 TensorFlow 是如何实现的。应用 dropout 时，要使用 tf.nn.dropout()。确定表达式时，是按照先得出正向传播的基本表达式，再乘以掩码的顺序进行的，而实现时也按照这个顺序来定义模型。比如之前 "输入层 – 隐藏层" 的代码如下所示，

```
W0 = tf.Variable(tf.truncated_normal([n_in, n_hidden], stddev=0.01))
b0 = tf.Variable(tf.zeros([n_hidden]))
h0 = tf.nn.relu(tf.matmul(x, W0) + b0)
```

如果要使用 dropout，还要再进行如下定义。

```
h0_drop = tf.nn.dropout(h0, keep_prob)
```

这里的 keep_prob 指的是不进行 dropout 的概率（$(1 - p)$）。keep_prob 的值会发生变动，在训练时为 0.5，测试时为 1.0，所以需要把它作为 placeholder 定义。定义整体模型的代码如下所示。这次设置了 3 个隐藏层。

```
x = tf.placeholder(tf.float32, shape=[None, n_in])
t = tf.placeholder(tf.float32, shape=[None, n_out])
keep_prob = tf.placeholder(tf.float32) # 不进行 dropout 的概率

# 输入层 – 隐藏层
W0 = tf.Variable(tf.truncated_normal([n_in, n_hidden], stddev=0.01))
b0 = tf.Variable(tf.zeros([n_hidden]))
h0 = tf.nn.relu(tf.matmul(x, W0) + b0)
```

```
h0_drop = tf.nn.dropout(h0, keep_prob)

# 隐藏层－隐藏层
W1 = tf.Variable(tf.truncated_normal([n_hidden, n_hidden], stddev=0.01))
b1 = tf.Variable(tf.zeros([n_hidden]))
h1 = tf.nn.relu(tf.matmul(h0_drop, W1) + b1)
h1_drop = tf.nn.dropout(h1, keep_prob)

W2 = tf.Variable(tf.truncated_normal([n_hidden, n_hidden], stddev=0.01))
b2 = tf.Variable(tf.zeros([n_hidden]))
h2 = tf.nn.relu(tf.matmul(h1_drop, W2) + b2)
h2_drop = tf.nn.dropout(h2, keep_prob)

# 隐藏层－输出层
W3 = tf.Variable(tf.truncated_normal([n_hidden, n_out], stddev=0.01))
b3 = tf.Variable(tf.zeros([n_out]))
y = tf.nn.softmax(tf.matmul(h2_drop, W3) + b3)
```

接下来是在实际训练中，对模型应用 dropout 的代码。

```
for epoch in range(epochs):
    X_, Y_ = shuffle(X_train, Y_train)

    for i in range(n_batches):
        start = i * batch_size
        end = start + batch_size

        sess.run(train_step, feed_dict={
            x: X_[start:end],
            t: Y_[start:end],
            keep_prob: 0.5
        })
```

请注意这时 keep_prob 的值为 0.5。至于训练后的测试阶段，由于不进行 dropout，所以代码如下所示。

```
accuracy_rate = accuracy.eval(session=sess, feed_dict={
    x: X_test,
    t: Y_test,
    keep_prob: 1.0
})
```

使用 Keras 库时的做法也一样。首先导入 Dropout，

```
from keras.layers.core import Dropout
```

然后用下面几行代码即可轻松应用 dropout。

```
model.add(Dense(n_hidden, input_dim=n_in))
model.add(Activation('tanh'))
model.add(Dropout(0.5))
```

这里的 0.5 和使用 TensorFlow 库时的不同，是进行 dropout 的概率。另外，从 dropout 的定义可以看出，激活函数可以任选，所以这里试着用一下 Activation('tanh')。定义模型的代码如下所示。

```
model = Sequential()
model.add(Dense(n_hidden, input_dim=n_in))
model.add(Activation('tanh'))
model.add(Dropout(0.5))

model.add(Dense(n_hidden))
model.add(Activation('tanh'))
model.add(Dropout(0.5))

model.add(Dense(n_hidden))
model.add(Activation('tanh'))
model.add(Dropout(0.5))

model.add(Dense(n_out))
model.add(Activation('softmax'))
```

使用 dropout 时也一样，有了库就不需要在编写代码时费心于误差反向传播的梯度计算了。

4.4 代码的设计

4.4.1 基本设计

到此为止，我们已经用 ReLU 等激活函数和 dropout 等方法实现了深度学习的模型。如果使用 TensorFlow 或 Keras 这样的库，只需不断地增加以下

```
W = tf.Variable(tf.truncated_normal([m, n], stddev=0.01))
b = tf.Variable(tf.zeros([n]))
h = tf.nn.relu(tf.matmul(x, W) + b)
h_drop = tf.nn.dropout(h, keep_prob)
```

或以下定义层的代码，

```
model.add(Dense(n))
model.add(Activation('relu'))
model.add(Dropout(0.5))
```

即可轻松设置模型。但是，当你想增加层的个数或对模型做出一些修改（比如修改激活函数等）时，这样的写法就会有些不方便。所以在这一节，我们将视线暂时从深度学习的理论上移开，一起去看一下能够更高效地定义模型的实现。

4.4.1.1 使用 TensorFlow 的实现

定义神经网络模型的整体流程可以总结如下。

定义模型的输出

↓

定义误差函数

↓

训练模型

如果使用 TensorFlow，推荐大家将上述流程分步进行函数化，分别定义 inference()、loss()、training()[16]。每个函数的作用如下所示。

- inference()：对整个模型进行设置，返回模型的输出及预测结果
- loss()：定义模型的误差函数，返回误差和损失
- training()：训练模型，返回训练结果（进度情况）

因此，整体的实现流程可以大体上采用如下结构编写[17]。

```python
def inference(x):
    # 定义模型

def loss(y, t):
    # 定义误差函数

def training(loss):
    # 定义训练算法

if __name__ == '__main__':
    # 1. 准备数据
    # 2. 设置模型
    y = inference(x)
    loss = loss(y, t)
    train_step = training(loss)
    # 3. 训练模型
    # 4. 评估模型
```

可以说 inference()、loss()、training() 都是为了让代码中的"2. 设置模型"更井井有条而定义的方法。下面让我们依次来看一下这些方法。

首先是 y = inference(x) 方法。前面都是用 h0、h1 等按顺序定义的各个层，现在为了能够统一定义，需要把各层的神经元个数作为参数抽取出来。此外，为了支持 dropout，在 x 之外还需把 keep_prob 当作参数，所以如下进行定义就可以很好地把处理汇总到一起了。

```python
def inference(x, keep_prob, n_in, n_hiddens, n_out):
```

---

[16]　https://www.tensorflow.org/get_started/mnist/mechanics

[17]　虽然不写 if __name__ == '__main__'：这一行也没有问题，但是在某些场景下加上这一行后会比较方便。比如当外部文件只想调用本文件中的函数时，本文件中的代码就不会被执行。

```
    # 定义模型

if __name__ == '__main__':
    # 2. 设置模型
    n_in = 784
    n_hiddens = [200, 200, 200] # 各隐藏层的维度
    n_out = 10

    x = tf.placeholder(tf.float32, shape=[None, n_in])
    keep_prob = tf.placeholder(tf.float32)

    y = inference(x, keep_prob, n_in=n_in, n_hiddens=n_hiddens, n_out=n_out)
```

接着来定义实际的 inference() 的内部处理。从输入层开始到进入输出层之前，所有的输出都可以用同样的表达式表示，而只有输出层的激活函数是 softmax 函数（或者 sigmoid 函数），所以如下编写代码。

```
def inference(x, keep_prob, n_in, n_hiddens, n_out):
    def weight_variable(shape):
        initial = tf.truncated_normal(shape, stddev=0.01)
        return tf.Variable(initial)

    def bias_variable(shape):
        initial = tf.zeros(shape)
        return tf.Variable(initial)

    # 输入层 – 隐藏层、隐藏层 – 隐藏层
    for i, n_hidden in enumerate(n_hiddens):
        if i == 0:
            input = x
            input_dim = n_in
        else:
            input = output
            input_dim = n_hiddens[i-1]

        W = weight_variable([input_dim, n_hidden])
        b = bias_variable([n_hidden])

        h = tf.nn.relu(tf.matmul(input, W) + b)
        output = tf.nn.dropout(h, keep_prob)
```

```
# 隐藏层 – 输出层
W_out = weight_variable([n_hiddens[-1], n_out])
b_out = bias_variable([n_out])
y = tf.nn.softmax(tf.matmul(output, W_out) + b_out)
return y
```

通过对 weight_variable() 和 bias_variable() 进行定义，权重和偏置的初始化处理也可以复用了[18]。虽然 for 语句中的"输入层 – 隐藏层"和"隐藏层 – 隐藏层"的处理有些许不同，但它们代码的逻辑基本相同，都是把前一层的 output 作为下一层的 input 而已。

定义好模型的输出之后，接下来是 loss(y, t) 以及 training(loss)，它们的实现与之前没有区别，代码如下所示。

```
def loss(y, t):
    cross_entropy = tf.reduce_mean(
        -tf.reduce_sum(t * tf.log(y), reduction_indices=[1]))
    return cross_entropy

def training(loss):
    optimizer = tf.train.GradientDescentOptimizer(0.01)
    train_step = optimizer.minimize(loss)
    return train_step
```

函数内部的代码本身虽然没有变，但是把它们封装为函数会有一个好处，就是代码整体变得整洁易读了[19]。另外，TensorFlow 还提供了可以在浏览器上访问的图形界面，可以查看模型的设计和训练的进度情况。关于可视化的详细内容请参考 A.2 节，而按照本节介绍的设计方法编写，有利于实现可视化。

4.4.1.2　使用 Keras 的实现

由于使用 Keras 库的实现本身就很简单，所以没有像使用 TensorFlow 库时那样明确地定义一些规则。不过我们可以像使用 TensorFlow 库时那样，统一定义各个层。改进后的代码如下所示。

---

[18]　当然可以将 weight_variable() 和 bias_variable() 定义在 inference() 的外部，但是为了更直观地表示它们是 inference() 这个"模型"的权重和偏置，所以定义在函数内部了。

[19]　本小节中用到的所有代码可参考本书随书下载代码包中的 4/tensorflow/06_mnist_plot_tensorflow.py。

```
n_in = 784
n_hiddens = [200, 200]
n_out = 10
activation = 'relu'
p_keep = 0.5

model = Sequential()
for i, input_dim in enumerate(([n_in] + n_hiddens)[:-1]):
    model.add(Dense(n_hiddens[i], input_dim=input_dim))
    model.add(Activation(activation))
    model.add(Dropout(p_keep))

model.add(Dense(n_out))
model.add(Activation('softmax'))
```

通过循环([n_in] + n_hiddens)[:-1]，把进入输出层之前的所有层的输入和输出的维度传给 Dense() 函数。与分别定义各个层时相比，代码整洁了很多 ▶20。

4.4.1.3 ❺ 拓展 对 TensorFlow 模型进行类封装

把各部分的处理封装到 inference()、loss()、training() 这 3 个函数中后，使用 TensorFlow 库的开发变得更容易了。但是，实际的模型的训练部分没有包含在内，所以 main 处理的代码容易变得冗长。如果把训练部分的代码都整合到一个类中，那么就可以像下面这段代码一样，用近似于 Keras 的方式编写代码。

```
model = DNN()
model.fit(X_train, Y_train)
model.evaluate(X_test, Y_test)
```

下面让我们来思考一下如何才能实现前面的构思。类的整体构成如下所示。

```
class DNN(object):
    def __init__(self):
        # 初始化处理

    def weight_variable(self, shape):
```

▶20 本小节中用到的所有代码可参考本书随书下载代码包中的 4/keras/06_mnist_plot_keras.py。

```
        initial = tf.truncated_normal(shape, stddev=0.01)
        return tf.Variable(initial)

    def bias_variable(self, shape):
        initial = tf.zeros(shape)
        return tf.Variable(initial)

    def inference(self, x, keep_prob):
        # 定义模型
        return y

    def loss(self, y, t):
        cross_entropy = tf.reduce_mean(-tf.reduce_sum(t * tf.log(y),
                                        reduction_indices=[1]))
        return cross_entropy

    def training(self, loss):
        optimizer = tf.train.GradientDescentOptimizer(0.01)
        train_step = optimizer.minimize(loss)
        return train_step

    def accuracy(self, y, t):
        correct_prediction = tf.equal(tf.argmax(y, 1), tf.argmax(t, 1))
        accuracy = tf.reduce_mean(tf.cast(correct_prediction, tf.float32))
        return accuracy

    def fit(self, X_train, Y_train):
        # 训练的处理

    def evaluate(self, X_test, Y_test):
        # 测试的处理
```

loss()、training()、accuracy() 这 3 个函数没有什么变化，只是为了变成方法而增加了
self 参数。

　　让我们先来思考一下在模型的初始化时应该做些什么。在这个阶段确定模型的结构是
比较理想的，所以我们要通过添加参数来接收各层的维度。此外，每层的权重和偏置也与
模型的结构有关，也在此进行定义。

```
def __init__(self, n_in, n_hiddens, n_out):
    self.n_in = n_in
```

```
    self.n_hiddens = n_hiddens
    self.n_out = n_out
    self.weights = []
    self.biases = []
```

接着就可以实现 inference() 了，代码如下所示。

```
def inference(self, x, keep_prob):
    # 输入层 - 隐藏层、隐藏层 - 隐藏层
    for i, n_hidden in enumerate(self.n_hiddens):
        if i == 0:
            input = x
            input_dim = self.n_in
        else:
            input = output
            input_dim = self.n_hiddens[i-1]

        self.weights.append(self.weight_variable([input_dim, n_hidden]))
        self.biases.append(self.bias_variable([n_hidden]))

        h = tf.nn.relu(tf.matmul(
            input, self.weights[-1]) + self.biases[-1])
        output = tf.nn.dropout(h, keep_prob)

    # 隐藏层 - 输出层
    self.weights.append(self.weight_variable([self.n_hiddens[-1], self.n_out]))
    self.biases.append(self.bias_variable([self.n_out]))

    y = tf.nn.softmax(tf.matmul(
        output, self.weights[-1]) + self.biases[-1])
    return y
```

以前每层的维度都从参数取得，现在可以用 self.n_in 等来代替了。

接下来是进行训练的 fit()。我们希望它的参数与 Keras 的一样，也包括训练数据、迭代数、批量的大小。由于这次与 dropout 一起进行，所以还需要 dropout 概率的参数。最终完成的代码如下所示。基本上都是以前写在 main 处理中的代码。

```
def fit(self, X_train, Y_train,
        epochs=100, batch_size=100, p_keep=0.5,
```

```
          verbose=1):
    x = tf.placeholder(tf.float32, shape=[None, self.n_in])
    t = tf.placeholder(tf.float32, shape=[None, self.n_out])
    keep_prob = tf.placeholder(tf.float32)

    # 把用于 evaluate( ) 的值作为属性保存
    self._x = x
    self._t = t
    self._keep_prob = keep_prob

    y = self.inference(x, keep_prob)
    loss = self.loss(y, t)
    train_step = self.training(loss)
    accuracy = self.accuracy(y, t)

    init = tf.global_variables_initializer()
    sess = tf.Session()
    sess.run(init)

    # 把用于 evaluate( ) 的值作为属性保存
    self._sess = sess

    N_train = len(X_train)
    n_batches = N_train // batch_size

    for epoch in range(epochs):
        X_, Y_ = shuffle(X_train, Y_train)

        for i in range(n_batches):
            start = i * batch_size
            end = start + batch_size

            sess.run(train_step, feed_dict={
                x: X_[start:end],
                t: Y_[start:end],
                keep_prob: p_keep
            })
        loss_ = loss.eval(session=sess, feed_dict={
            x: X_train,
            t: Y_train,
            keep_prob: 1.0
        })
```

```
        accuracy_ = accuracy.eval(session=sess, feed_dict={
            x: X_train,
            t: Y_train,
            keep_prob: 1.0
        })
        # 将值记录下来
        self._history['loss'].append(loss_)
        self._history['accuracy'].append(accuracy_)

        if verbose:
            print('epoch:', epoch,
                    ' loss:', loss_,
                    ' accuracy:', accuracy_)

    return self._history
```

正如代码中的注释部分写的那样，有些测试阶段用到的变量在 evaluate() 中也会用到，因此需要把它们作为类的属性保存在类中。另外，在类中记录训练的进度情况更便于训练后的数据处理，因此要定义 self._history。这些都要在 __init__ 代码的最后统一定义。

```
def __init__(self, n_in, n_hiddens, n_out):
    self.n_in
    # ...
    self._x = None
    self._y = None
    self._t = None,
    self._keep_prob = None
    self._sess = None
    self._history = {
        'accuracy': [],
        'loss': []
    }
```

evaluate() 的代码和以前的基本相同，用上刚才定义的 self._sess 等变量后，其代码如下所示。

```
def evaluate(self, X_test, Y_test):
    accuracy = self.accuracy(self._y, self._t)
    return self.accuracy.eval(session=self._sess, feed_dict={
```

```
        self._x: X_test,
        self._t: Y_test,
        self._keep_prob: 1.0
    })
```

这样就完成了类的定义。事先定义好这个 DNN，模型 main 部分的代码就可以如下所示。

```
model = DNN(n_in=784,
            n_hiddens=[200, 200, 200],
            n_out=10

model.fit(X_train, Y_train,
          epochs=50,
          batch_size=200,
          p_keep=0.5)

accuracy = model.evaluate(X_test, Y_test)
print('accuracy: ', accuracy)
```

DNN 可以作为一个简洁的高层 API 来使用 ▶21。

　　这里只是简单地堆砌了 fit()，其中的处理还可以进一步切分，形成通用性更高、更容易重复使用的 API。TensorFlow 也提供了这样的高层 API，它们全部在 tf.contrib.learn 模块内。不过，为了让读者在理解了这些理论的基础上，能够做到“把理论转化为代码”“在数学表达式层面对代码进行定制修改”，书中没有使用 tf.contrib.learn。这个库简单的使用方法整理在附录 A3 节中，供各位参考。

4.4.2　训练的可视化

　　在前面的学习中，我们用多种方法和技术分析了实验结果，但对测试数据的定量评估只用了预测精度这一种形式。另外，尽管对训练数据输出过误差函数的值或预测精度，但这只是为了确认训练进度，至于训练是如何进行的，我们只能了解个大概。

　　不过在有些情况下，尤其是数据规模较大时，还需要用验证数据对训练结果进行合适的评估。对于测试数据来说，预测精度（在只有 1 个数据集时）只是 1 个数值，但对于训练数据或者验证数据来说，它们需要评估每次迭代的预测精度，所以一次要看多个数值。

▶21　完整的代码在随书下载的代码包中的 4/tensorflow/99_mnist_mock_contrib_tensorflow.py 中。

我们当然可以把数据简单地排列在一起来看，但以可视化图表的形式查看会更直观。因此，我们要在 4.3 节实现的代码的基础上增加下列处理，

- 使用验证数据进行训练和预测
- 训练时的预测精度的可视化

然后对模型进行更有效地评估。

4.4.2.1　使用 TensorFlow 的实现

我们从准备训练数据、验证数据、测试数据开始做起。之前我们用以下代码设置了训练数据和测试数据。

```
train_size = 0.8

X_train, X_test, Y_train, Y_test =\
    train_test_split(X, Y, train_size=train_size)
```

如果要用验证数据，就需要对训练数据进一步分割，其代码如下所示。

```
N_train = 20000
N_validation = 4000

X_train, X_test, Y_train, Y_test = \
    train_test_split(X, Y, train_size=N_train)

# 把训练数据进一步分为训练数据和验证数据
X_train, X_validation, Y_train, Y_validation = \
    train_test_split(X_train, Y_train, test_size=N_validation)
```

在模型训练的评估阶段使用的数据也要随之修改为这里分割出来的验证数据[22]。由于每次迭代都会对验证数据的损失（误差函数的值）和预测精度进行评估，所以模型训练部分的

---

[22] 像这样，把训练用的全部数据完全分割为训练数据和验证数据，然后使用同一份验证数据进行评估的方法称为 **hold-out 验证**（hold-out validation）。与此相对的，先把训练数据分成 K 个数据集，然后将其中 1 个作为验证数据，其余 $K-1$ 个数据集作为训练数据进行实验的方法称为 **K 折交叉验证**（k-fold cross validation）。使用 K 折交叉验证时，会对数据集的不同组合进行 K 次训练和验证，然后把得到的预测精度的平均值作为模型的性能。虽然 K 折交叉验证对模型泛化性能的评估会更严紧，但是它经常导致模型训练的时间过长，所以在深度学习领域一般不用它。

代码如下所示。

```
for epoch in range(epochs):
    X_, Y_ = shuffle(X_train, Y_train)

    for i in range(n_batches):
        start = i * batch_size
        end = start + batch_size

        sess.run(train_step, feed_dict={
            x: X_[start:end],
            t: Y_[start:end],
            keep_prob: p_keep
        })

    # 使用验证数据进行评估
    val_loss = loss.eval(session=sess, feed_dict={
        x: X_validation,
        t: Y_validation,
        keep_prob: 1.0
    })
    val_acc = accuracy.eval(session=sess, feed_dict={
        x: X_validation,
        t: Y_validation,
        keep_prob: 1.0
    })
```

虽然通过输出每一次迭代训练的验证数据的损失 val_loss 和预测精度 val_acc 也可以确认训练情况，但是为了可视化，要把数据都保存到列表中。于是我们需要事先定义

```
history = {
    'val_loss': [],
    'val_acc': []
}
```

这样的列表，然后再把每次迭代得到的 val_loss 和 val_acc 分别添加到其中即可。以下代码是一个简单的实现。

```
for epoch in range(epochs):
```

```
    X_, Y_ = shuffle(X_train, Y_train)

    for i in range(n_batches):
        sess.run()

    val_loss = loss.eval()
    val_acc = accuracy.eval()

    # 记录验证数据的训练进度
    history['val_loss'].append(val_loss)
    history['val_acc'].append(val_acc)
```

下面以图表的形式来对训练时记录的值进行可视化。Python 有一个叫作 `matplotlib` 的库，用它可以轻松绘制图表。该库随 Anaconda 一起被安装，所以处于随时可用的状态。先在文件的开头添加下面这行代码。

```
import matplotlib.pyplot as plt
```

然后，如果要绘制 `history['val_acc']` 的图表，只需以下几行代码即可实现。

```
plt.rc('font', family='serif') # 设置字体
fig = plt.figure() # 准备图表

# 在图表中描绘数据
plt.plot(range(epochs), history['val_acc'], label='acc', color='black')

# 坐标轴的名称
plt.xlabel('epochs')
plt.ylabel('validation loss')

# 显示 / 保存图表
plt.show()
# plt.savefig('mnist_tensorflow.eps')
```

如上述代码所示，要显示数据，只需把（横轴和纵轴的）数据列表传给 `plt.plot()` 即可。最后的 `plt.show()` 和 `plt.savefig()` 分别是在程序运行时显示图表和将图表保存为图像文件的方法。执行这段代码，得到图 4.11 所示的图形。

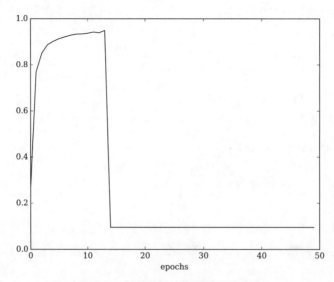

图 4.11 验证数据的预测精度的变化

从图中可以看出，预测精度在前期是顺利上升的，但过一段之后就完全不能训练了。这个问题和梯度消失问题一样，都是因为从 softmax 函数（sigmoid 函数）传来的梯度变得过小，最终被当作 0 来计算了。为了避免这个问题出现，对定义交叉熵误差函数表达式的代码进行如下修改。

```
def loss(y, t):
    cross_entropy = \
        tf.reduce_mean(
            -tf.reduce_sum(
                t * tf.log(tf.clip_by_value(y, 1e-10, 1.0)),
                reduction_indices=[1]))
    return cross_entropy
```

通过新添加的 tf.clip_by_value() 来设置计算时要用的下限值（及上限值）。将下限值设为 1e-10 等很小的值后，既不会对训练的计算产生不好的影响，又可以防止除以 0 的问题出现。修改后的结果如图 4.12 所示。

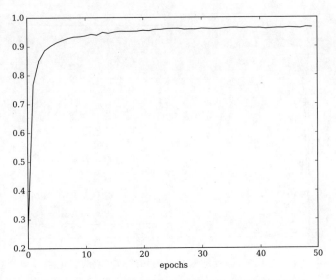

图 4.12　修改了误差函数的实现之后的预测精度的变化

从图中可以看出训练正在顺利进行。我们还可以通过以下代码让预测精度和损失显示在同一张图中。

```
fig = plt.figure()

ax_acc = fig.add_subplot(111) # 设置预测精度的轴
ax_acc.plot(range(epochs), history['val_acc'],
            label='acc', color='black')
ax_loss = ax_acc.twinx() # 设置损失的轴
ax_loss.plot(range(epochs), history['val_loss'],
            label='loss', color='gray')

plt.xlabel('epochs')
plt.show()
# plt.savefig('mnist_tensorflow.eps')
```

执行这段代码后得到的图形如图 4.13 所示。

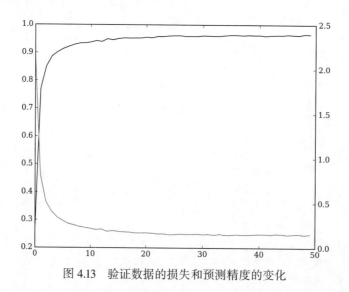

图 4.13 验证数据的损失和预测精度的变化

通过这张图我们就可以知道，训练在开头取得一定成果，之后预测精度会慢慢上升（损失逐渐变小），这里就不详细考察了。

4.4.2.2 使用 Keras 的实现

Keras 库的 `model.fit()` 的返回值中包含表示训练进度的数值。如果要包含验证数据一起进行训练，需要像下面这样用到 `validation_data=`。

```
hist = model.fit(X_train, Y_train, epochs=epochs,
                 batch_size=batch_size,
                 validation_data=(X_validation, Y_validation))
```

这里的 `hist` 就会含有对验证数据的损失和预测精度的记录。

通过以下代码可以确认 `val_loss` 和 `val_acc` 的类型是列表，并且列表中有值。

```
print(val_loss = hist.history['val_loss'])
print(val_acc = hist.history['val_acc'])
```

参照前面用 TensorFlow 编写的代码来设置和训练模型，这里编写的代码如下所示。

```
n_in = len(X[0])  # 784
n_hiddens = [200, 200, 200]
```

```
n_out = len(Y[0])  # 10
p_keep = 0.5
activation = 'relu'

model = Sequential()
for i, input_dim in enumerate(([n_in] + n_hiddens)[:-1]):
    model.add(Dense(n_hiddens[i], input_dim=input_dim))
    model.add(Activation(activation))
    model.add(Dropout(p_keep))

model.add(Dense(n_out))
model.add(Activation('softmax'))

model.compile(loss='categorical_crossentropy',
              optimizer=SGD(lr=0.01),
              metrics=['accuracy'])

epochs = 50
batch_size = 200

hist = model.fit(X_train, Y_train, epochs=epochs,
                 batch_size=batch_size,
                 validation_data=(X_validation, Y_validation))
```

绘制预测精度图形的代码与前面用 TensorFlow 库时的代码相同，如下所示。

```
val_acc = hist.history['val_acc']

plt.rc('font', family='serif')
fig = plt.figure()
plt.plot(range(epochs), val_acc, label='acc', color='black')
plt.xlabel('epochs')
plt.show()
# plt.savefig('mnist_keras.eps')
```

画出来的图形如图 4.14 所示。从图形中可以看出，这次训练失败了。这次和前面使用 TensorFlow 库时的区别是什么呢？

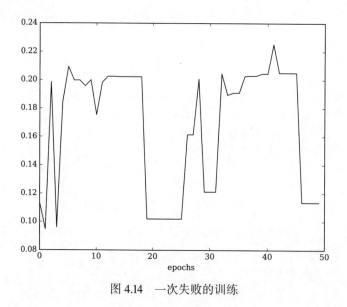

图 4.14   一次失败的训练

仔细查看代码就能发现区别在参数的初始化部分。模型结构本身是相同的，但是用 TensorFlow 编写的代码中有权重的初始化部分的代码，

```
tf.truncated_normal(shape, stddev=0.01)
```

而用 Keras 编写的代码中却什么都没有。其实，权重的初始值会影响训练能否顺利进行。现在已经研究出了多种设置权重初始值的方法，我们将在下一节详细学习相关知识。这里我们先用 Keras 来实现之前用 TensorFlow 编写的代码中的初始化处理。Keras 的 Dense() 接受 kernel_initializer= 参数，用这个参数可以指定初始化处理的函数，实现同样的效果。具体代码如下所示。

```
from keras import backend as K


def weight_variable(shape):
    return K.truncated_normal(shape, stddev=0.01)


model = Sequential()
for i, input_dim in enumerate(([n_in] + n_hiddens)[:-1]):
```

```
    model.add(Dense(n_hiddens[i], input_dim=input_dim,
                    kernel_initializer=weight_variable))
    model.add(Activation(activation))
    model.add(Dropout(p_keep))

model.add(Dense(n_out, kernel_initializer=weight_variable))
model.add(Activation('softmax'))
```

如果需要用到没有事先以别名形式导入过的 Keras 模块，可以使用 keras.backend。在函数 weight_variable() 中用 K.truncated_normal(shape, stddev=0.01) 就可以和使用 TensorFlow 时一样返回遵循标准差 $\sigma = 0.01$ 的截断正态分布（truncated normal distribution）的随机数。之后通过设置 Dense(kernel_initializer=weight_variable) 就可以生成拥有和使用 TensorFlow 时一样的初始值的权重。试着执行修改后的代码，得到如图 4.15 所示的结果，可以看出训练顺利完成了。

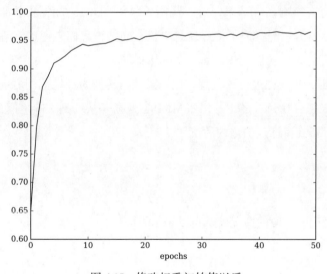

图 4.15 修改权重初始值以后

另外，还可以用 keras.initializers.TruncatedNormal() 生成遵循截断正态分布的值。

```
from keras.initializers import TruncatedNormal

model.add(Dense(n_out, kernel_initializer=TruncatedNormal(stddev=0.01)))
```

这段代码也可以实现和前面同样的功能。这时就不用再定义 `weight_variable` 了。

　　另外，在 Keras 中可以直接使用 NumPy 生成的随机数。这时需要把 `weight_variable()` 的定义修改如下。

```
def weight_variable(shape):
    return np.random.normal(scale=0.01, size=shape)
```

请注意这时使用的不再是截断正态分布，而是普通的正态分布。

4.5　高级技术

4.5.1　数据的正则化与权重的初始化

　　权重的初始值会影响训练结果，可以从图 4.14 和图 4.15 的结果中看出这一点。那么选用什么样的初始值为好呢？为了更好地解决权重问题，我们先考虑把输入数据整理"干净"的方法。到目前为止我们处理的都是 MNIST 数据。现在为了能够用同样的方法处理 MNIST 之外的数据，我们先进行预处理，把输入数据转换为一定范围之内的值。最简单的做法就是把范围限制在 0 到 1 之间。比如 MNIST 数据是从 0 到 255 之间的 RGB 值，所以进行如下处理即可得到目标范围之内的值。

```
X = X / 255.0
```

或者像下面这样处理，一般的情况就都可以表示了。

```
X = X / X.max()
```

这种为了便于处理，将数据值限定在一定范围之内的做法叫作**正则化**（normalization）。另外，考虑到数据的分布，将数据的平均值转换为 0 的正则化是比较理想的。下面就是对 MNIST 数据进行这种转换的代码。

```
X = X / 255.0
X = X - X.mean(axis=1).reshape(len(X), 1)
```

如果此时各模式的数据分布是对称的 [23]，那么权重的元素就应该有正有负。而且既然对称，那么正数和负数应该大约各占一半。所以，最开始我们可以考虑让权重的所有元素都为 0。

但是，如果实际都用同一个值进行初始化，那么误差反向传播时的梯度的值就会全部相同，权重的值就得不到很好的更新。所以更好的做法是用接近于 0 的随机数进行初始化。前面之所以用正态分布对权重进行初始化，是为了取得接近平均值 $\mu = 0$ 的随机数。而且标准差 α 越小，生成的值就越接近于 0，也就越理想。如 np.random.normal(scale=0.01, size=shape) 等代码，就是顺着这个思路编写的。

不过，标准差并不是越小就越好。如果初始值过小，乘以权重系数后的梯度值也会变得过小，这会导致训练无法进行 [24]。因此可以想到的一个做法是选取服从标准差 $\sigma = 1.0$ 的标准正态分布的数据，然后乘以合适的系数，看看能否生成好的初始值。这也就等同于思考如何确定 a * np.random.normal(size=shape) 中的 a。这里有一点需要引起注意：输入的维度越大，（因为 $\sigma = 1.0$）生成的值就越容易出现偏差。我们来看一看能否通过权重的初始值来减少数据的偏差程度。令输入为 n 维向量 $\boldsymbol{x}$、权重为 $\boldsymbol{W}$，激活前的值 $\boldsymbol{p}$ 的各元素的值如下所示。

$$p_j = \sum_{i=1}^{n} w_{ji} \boldsymbol{x}_i \tag{4.41}$$

这时令 $\mathrm{E}[\cdot]$ 为期待值（平均值）、$\mathrm{Var}[\cdot]$ 为方差，那么 p_j 的方差如下所示。

$$\mathrm{Var}\left[p_j\right] = \mathrm{Var}\left[\sum_{i=1}^{n} w_{ji} x_i\right] \tag{4.42}$$

$$= \sum_{i=1}^{n} \mathrm{Var}\left[w_{ji} x_i\right] \tag{4.43}$$

$$= \sum_{i=1}^{n} \left\{ (\mathrm{E}[w_{ji}])^2 \mathrm{Var}[x_i] + (\mathrm{E}[x_i])^2 \mathrm{Var}[w_{ji}] + \mathrm{Var}[w_{ji}] \mathrm{Var}[x_i] \right\} \tag{4.44}$$

又由于正则化后的输入数据的 $\mathrm{E}[x_i]$ 为 0，再假定权重遵循理想的分布，那么有 $\mathrm{E}[w_{ji}] = 0$，因而式 (4.45) 最终变为如下形式。

---

[23] 使数据的平均值为 0、方差为 1.0，并且特征之间不相关的正则化被称为**白化**（whitening）。尤其在图像处理领域，正则化是一种重要的数据预处理方法。

[24] 激活函数 ReLU 具有在 $x = 0$ 附近梯度也不会消失的特性，所以对它来说，反而是标准差取 $\sigma = 0.01$ 等较小的值时训练效果更好。

$$\mathrm{Var}[p_j] = \sum_{i=1}^{n} \mathrm{Var}[w_{ji}]\mathrm{Var}[x_i] \tag{4.45}$$

$$= n\mathrm{Var}[w_{ji}]\mathrm{Var}[x_i] \tag{4.46}$$

因此，若要使 $\boldsymbol{p}$ 的方差与 $\boldsymbol{x}$ 的方差保持一致，需要让权重 $\boldsymbol{W}$ 的各元素的方差为 $\frac{1}{n}$。这里令 a 为常量、X 为概率变量，则有 $\mathrm{Var}[aX] = a^2\mathrm{Var}[X]$ 成立，然后回到最初的问题，如何确定 `a * np.random.normal(size=shape)` 中的 a，

$$a = \sqrt{\frac{1}{n}} \tag{4.47}$$

也就是说，

```
np.sqrt(1.0 / n) * np.random.normal(size=shape)
```

就可以了。

以上就是对权重进行初始化的基本做法，在得到式 (4.47) 的过程中我们进行了多个假定。基于不同的假定，人们提出了多种初始化的方法。接下来本书会介绍其中具有代表性的几个方法，不过并不会详细展开每个方法的表达式的推导过程，因为这些内容在参考文献中有详细说明，请参考书中提到的参考文献。

LeCun et al. 1988 文献 [1]

这是使用正态分布或者均匀分布进行初始化的方法。使用均匀分布时的代码如下所示。

```
np.random.uniform(low=-np.sqrt(1.0 / n),
                  high=np.sqrt(1.0 / n),
                  size=shape)
```

另外，用 Keras 库开发时可以通过设置 `kernel_initializer='lecun_uniform'` 的别名来使用它。

Glorot and Bengio 2010 文献 [7]

该方法考察的也是使用正态分布或者均匀分布时的初始化。使用均匀分布时的代码如下所示。

```
np.random.uniform(low=-np.sqrt(6.0 / (n_in + n_out)),
                  high=np.sqrt(6.0 / (n_in + n_out)),
                  size=shape)
```

使用正态分布时的代码如下所示 [25]。

```
np.sqrt(3.0 / (n_in + n_out)) * np.random.normal(size=shape)
```

这个初始化方法，在用 TensorFlow 开发时可以通过 `tf.contrib.layers.xavier_initializer(uniform=True)` 进行调用，在用 Keras 开发时还可以用 `init='glorot_uniform'` 和 `init='glorot_normal'` 分别进行调用 [26]。

He et al. 2015 文献 [4]

该方法考察的是使用 ReLU 时的初始化。代码如下所示。

```
np.sqrt(2.0 / n) * np.random.normal(size=shape)
```

用 Keras 库开发时还可以通过 `init='he_normal'` 进行调用。

4.5.2 学习率的设置

以前使用随机梯度下降法进行模型训练时，我们设置的学习率都是 0.1 或 0.01 等事先确定好的值，而且在整个训练过程中这个数值也不变。但是，如果学习率的大小直接关系到能否取得最优解，那么我们应该为学习率设置适当的值。人们确实已经提出了多种设置方法，在本节我们就依次来看一下其中具有代表性的方法。

4.5.2.1 动量

为了避免陷入局部最优解，并且能够高效地得到解，理想的学习率是"初始较大，慢慢变小"。**动量**（momentum）不改变学习率本身的值就可以实现这理想的学习率。它会在更新参数时使用称为动量项的部分进行调整，这相当于更新学习率。对误差函数 E，设模型的参数为 θ，E 的 θ 的梯度为 $\nabla_\theta E$，那么在第 t 次迭代中，通过动量对参数进行更新的表达式如下所示。

---

[25] 请注意这里的 n_in 和 n_out 指的不是模型整体的输入 / 输出层的维度，而是每一层的输入和输出的维度。为了避免混乱，也可以把神经网络看作是电路，把每层的输入称为**扇入**（fan-in），输出称为**扇出**（fan-out）。

[26] 在 TensorFlow 中的名称是 xavier 而不是 glorot，因为是用文献 [7] 的作者 Xavier Glorot 的名字来命名的。

$$\Delta\theta^{(t)} = -\eta\nabla_\theta E(\theta) + \gamma\Delta\theta^{(t-1)} \tag{4.48}$$

这里的 $\gamma\nabla\theta^{(t-1)}$ 就是动量项，系数 $\gamma(\gamma < 1)$ 通常被设置为 0.5 或 0.9。把式 (4.48) 与物理公式进行对照，会呈现以下"空气阻力的表达式"的形式 [27]，

$$m\frac{\mathrm{d}^2\theta}{\mathrm{d}t^2} + \mu\frac{\mathrm{d}\theta}{\mathrm{d}t} = -\nabla_\theta E(\theta) \tag{4.49}$$

这可以说明随着每一次迭代，梯度在慢慢地变小。

使用 TensorFlow 开发时，可以用 tf.train.MomentumOptimizer() 来实现动量。也就是说，只需在 training() 部分把写为 GradientDescentOptimizer 的地方修改为 MomentumOptimizer 即可。代码如下所示。

```
def training(loss):
    optimizer = tf.train.MomentumOptimizer(0.01, 0.9)
    train_step = optimizer.minimize(loss)
    return train_step
```

另外，Keras 的 SGD() 的参数中包含 momentum=，因此使用 Keras 开发时，可以像下面这样编写动量的代码。

```
model.compile(loss='categorical_crossentropy',
              optimizer=SGD(lr=0.01, momentum=0.9),
              metrics=['accuracy'])
```

4.5.2.2　Nesterov 动量

Nesterov[9] 通过对式 (4.48) 所示的标准动量稍作修改，向其中加入了参数"应该朝哪个方向前进"的部分。式 (4.48) 可以分解为以下两个表达式。

$$v^{(t)} = -\eta\nabla_\theta E(\theta) + \gamma\Delta\theta^{(t-1)} \tag{4.50}$$

$$\theta^{(t)} = \theta^{(t-1)} - v^{(t)} \tag{4.51}$$

对其中的动量进行修改后，表达式如下所示。

---

[27] 详细内容请参考文献 [8]。

$$v^{(t)} = -\eta \nabla_\theta E(\theta + \gamma v^{(t-1)}) + \gamma \Delta \theta^{(t-1)} \qquad (4.52)$$

$$\theta^{(t)} = \theta^{(t-1)} - v^{(t)} \qquad (4.53)$$

修改前后的区别在于 $E(\theta + \gamma v^{(t-1)})$ 部分，有了这部分就可以求得下一步要用到的参数的近似值，所以能够更高效地设置学习率并探索解了。

使用 TensorFlow 开发时，只需下面一行代码即可实现它。

```
optimizer = tf.train.MomentumOptimizer(0.01, 0.9, use_nesterov=True)
```

使用 Keras 开发时的代码也是如此。

```
optimizer=SGD(lr=0.01, momentum=0.9, nesterov=True)
```

4.5.2.3 Adagrad

动量是固定学习率的值，通过动量项来调整参数更新值的方法，而 **Adagrad (adaptive gradient algorithm)** 不同，它会直接更新学习率本身的值。为了简化表达式，首先进行以下定义。

$$g_i := \nabla_\theta E(\theta_i) \qquad (4.54)$$

使用这个定义表示的 Adagrad 的表达式如下所示。

$$\theta_i^{(t+1)} = \theta_i^{(t)} - \frac{\eta}{\sqrt{G_{ii}^{(t)} + \epsilon}} g_i^{(t)} \qquad (4.55)$$

这里的矩阵 $G^{(t)}$ 是对角矩阵，(i, i) 元素是到第 t 次迭代为止的 θ_i 的梯度的平方和，表达式如下所示。

$$G_{ii}^{(t)} = \sum_{\tau=0}^{t} g_i^{(\tau)} \cdot g_i^{(\tau)} \qquad (4.56)$$

另外，ϵ 是为了避免分母为 0 的一个微小项，一般会设在 $1.0 \times 10^{-6} \sim 1.0 \times 10^{-8}$ 之间。又因为 $G^{(t)}$ 是对角矩阵，所以可以将式 (4.55) 整理如下。

$$\theta^{(t+1)} = \theta^{(t)} - \frac{\eta}{\sqrt{G^{(t)} + \epsilon}} \odot g^{(t)} \qquad (4.57)$$

与动量相比，Adagrad 的超参数更少，而且它会根据之前的梯度自动修正学习率 η，可以说是更好用的方法 ▶28。

式 (4.55) 和式 (4.57) 乍一看很复杂，用伪代码写出来也许会有助于理解。

```
G[i][i] += g[i] * g[i]
theta[i] -= (learning_rate / sqrt(G[i][i] + epsilon)) * g[i]
```

不过，TensorFlow 和 Keras 都提供了这个方法的 API，使用库进行开发时不需要自己去实现它。使用 TensorFlow 开发时，只需在 training() 中如下编写代码即可。

```
optimizer = tf.train.AdagradOptimizer(0.01)
```

使用 Keras 开发时，首先在文件上方把导入 SGD 替换为导入 Adagrad，

```
from keras.optimizers import Adagrad
```

然后如下编写代码即可。

```
optimizer=Adagrad(lr=0.01)
```

4.5.2.4　Adadelta

虽然 Adagrad 可以自动调整学习率，但对角矩阵 $G^{(t)}$ 是梯度的累积平方和，其值是单调增加的。因此，从式 (4.57) 中也可以看出，每次迭代训练过后，与梯度相乘的系数的值快速变小，这样就会出现训练不能继续进行的问题。可以解决这个问题的就是参考文献 [11] 提出的 **Adadelta** 方法。

Adadelta 的基本思路不是从第 0 次迭代开始计算累积平方和，而是要把计算累积平方和的迭代数量限制在常量值 w 之内。不过从开发的角度来看，只是同时存储 w 个迭代的平方和是没有效率的做法。Adadelta 会对到前一个迭代为止的全部梯度的平方和求衰减平均值，并将其作为递归公式进行计算。为了让表达式看起来更简单，把前面写作 $g^{(t)}$ 的地方写为 g_t，于是在第 t 次迭代的梯度的平方，即 $g_t \odot g_t$ 的移动平均值 $\mathrm{E}[g^2]_t$ 可以表示如下。

▶28　详细内容请参考文献 [10]。

$$E[g^2]_t = \rho E[g^2]_{t-1} + (1 - \rho)g_t^2 \tag{4.58}$$

从表达式可以看出，随着迭代的回溯，梯度和呈指数衰减。前面 Adagrad 的式 (4.57) 是

$$\theta_{t+1} = \theta_t - \frac{\eta}{\sqrt{G_t + \epsilon}} \odot g_t \tag{4.59}$$

这样的。Adadelta 将其中的 G_t 替换为梯度平方的衰减平均值 $E[g^2]_t$，得到如下所示的表达式。

$$\theta_{t+1} = \theta_t - \frac{\eta}{\sqrt{E[g^2]_t + \epsilon}} g_t \tag{4.60}$$

以上表达式中 $\sqrt{E[g^2]_t + \epsilon}$ 部分（忽略 ϵ 时）的形式与**均方根**（root mean square）相同，因此把它用 RMS[·] 表示，式 (4.67) 就可以简化如下。

$$\theta_{t+1} = \theta_t - \frac{\eta}{\text{RMS}[g]_t} g_t \tag{4.61}$$

文献 [11] 对式 (4.61) 进行了进一步的变形，最终让它不再需要设置学习率 η。首先进行如下定义。

$$\Delta\theta_t = -\frac{\eta}{\text{RMS}[g]_t} g_t \tag{4.62}$$

根据式 (4.58)，$\Delta\theta_t^2$ 的衰减平均值可以表示如下。

$$E[\Delta\theta^2]_t = \rho E[\Delta\theta^2]_{t-1} + (1 - \rho)\Delta\theta_t^2 \tag{4.63}$$

由于 $\Delta\theta_t$ 未知，用 $t-1$ 的 RMS 作为以下表达式的近似，

$$\text{RMS}[\Delta\theta]_t = \sqrt{E[\Delta\theta^2]_t + \epsilon} \tag{4.64}$$

之后即可得到 Adadelta 的表达式。

$$\Delta\theta_t = -\frac{\text{RMS}[\Delta\theta]_{t-1}}{\text{RMS}[g]_t} g_t \tag{4.65}$$

所以最终只需用 ρ（以及 ϵ）来设置 Adadelta。一般 ρ 的值会取 0.95。

虽然表达式比较复杂，但是代码的实现与之前一样，不管是用 TensorFlow 还是 Keras，都可以用它们的 API 轻松开发。使用 TensorFlow 时，只需执行下面一行代码即可。

```
optimizer = tf.train.AdadeltaOptimizer(learning_rate=1.0, rho=0.95)
```

虽然式 (4.63) 中已经没有学习率了，但是在代码中依然设置了 learning_rate=1.0，这是为了设置 $\theta_{t+1} = \theta_t + \alpha\Delta\theta_t$ 中的 α。TensorFlow 会默认把这个学习率的值 α 设为 0.001[29]，不过从上面的表达式的推导过程来看，这里设为 1.0 也没有问题，所以将参数设为 learning_rate=1.0。

在使用 Keras 开发时，首先引入相关的模块，

```
from keras.optimizers import Adadelta
```

然后如下编写代码。Keras 默认设置 $\alpha = 1.0$。

```
optimizer=Adadelta(rho=0.95)
```

4.5.2.5　RMSprop

RMSprop 和 Adadelta 一样，都是为了解决 Adagrad 学习率急剧减小的问题而出现的方法。RMSprop 和 Adadelta 是同一时期出现的方法，但 RMSprop 没有形成论文，它是 Coursera[30] 网站在线课程的幻灯片讲义中提出来的方法[31]。RMSprop 可以说是 Adadelta 的简化版，具体做法是令式 (4.58) 中的 $\rho = 0.9$，

$$E[g^2]_t = 0.9E[g^2]_{t-1} + 0.1g_t^2 \tag{4.66}$$

然后用和式 (4.60) 一样的表达式来更新参数。

$$\theta_{t+1} = \theta_t - \frac{\eta}{\sqrt{E[g^2]_t + \epsilon}} g_t \tag{4.67}$$

一般把学习率 η 设为 0.001 等较小的值。

使用 TensorFlow 实现时，使用它的 RMSPropOptimizer() 来编写如下代码。

---

[29]　请参考 https://www.tensorflow.org/api_docs/python/tf/train/AdadeltaOptimizer。

[30]　https://www.coursera.org/

[31]　幻灯片可以从 http://www.cs.toronto.edu/~tijmen/csc321/slides/lecture_slides_lec6.pdf 上获取。

```
optimizer = tf.train.RMSPropOptimizer(0.001)
```

而使用 Keras 库时的做法和前面一样，代码如下所示。

```
from keras.optimizers import RMSprop

optimizer=RMSprop(lr=0.001)
```

4.5.2.6 Adam

Adadelta 和 RMSprop 都保留了 $v_t := \mathrm{E}[g^2]_t$（到前一次迭代 $t-1$ 为止的平方梯度的移动平均值）的指数衰减平均值，而 **Adam**（adaptive moment estimation）在此基础上，对参数更新表达式时使用的简单梯度的移动平均值 $m_t := \mathrm{E}[g]_t$ 也进行了指数衰减。m_t 和 v_t 表达式如下所示。

$$m_t = \beta_1 m_{t-1} + (1-\beta_1)g_t \tag{4.68}$$
$$v_t = \beta_2 v_{t-1} + (1-\beta_2)g_t^2 \tag{4.69}$$

这里的 $\beta_1, \beta_2 \in [0,1)$ 是超参数，用于调整移动平均值的（指数）衰减率。m_t 和 v_t 分别相当于梯度的一阶矩（平均）、二阶矩（离散）的估计值。

m_t 和 v_t 这两个移动平均值都是有偏差的动量，所以我们需要求出填补这个偏差（使偏差为 0）的估计值。这里用 $v_0 = 0$ 来初始化，根据式 (4.69)，可以得到以下表达式。

$$v_t = (1-\beta_2)\sum_{i=1}^{t}\beta_2^{t-i} \cdot g_i^2 \tag{4.70}$$

我们现在想知道二阶矩 v_t 的移动平均值 $\mathrm{E}[v_t]$ 和真正的二阶矩 $\mathrm{E}[g^2]$ 之间的关系，所以从式 (4.70) 开始推导，得到下列表达式。

$$\mathrm{E}[v_t] = \mathrm{E}\left[(1-\beta_2)\sum_{i=1}^{t}\beta_2^{t-i} \cdot g_i^2\right] \tag{4.71}$$

$$= \mathrm{E}\left[g_t^2\right] \cdot (1-\beta_2)\sum_{i=1}^{t}\beta_2^{t-i} + \zeta \tag{4.72}$$

$$= \mathrm{E}\left[g_t^2\right] \cdot (1-\beta_2^t) + \zeta \tag{4.73}$$

这里如果将超参数的值设为可以近似于 $\zeta = 0$ 时的值[32]，即可得到以下（没有偏差的）估计值。

$$\hat{v}_t = \frac{v_t}{1 - \beta_2^t} \tag{4.74}$$

对 m_t 进行同样的计算，可以得到以下表达式。

$$\hat{m}_t = \frac{m_t}{1 - \beta_1^t} \tag{4.75}$$

汇总后得到参数的更新表达式，如下所示。

$$\theta_t = \theta_{t-1} - \frac{\alpha}{\sqrt{\hat{v}_t} + \epsilon} \hat{m}_t \tag{4.76}$$

虽然 Adam 的表达式也很复杂，但最终的算法却相对简单。伪代码如下所示。

```
# 初始化
m= 0
v= 0

# 重复
m = beta1 * m + (1 - beta1) * g
v = beta2 * v + (1 - beta2) * g * g
m_hat = m / (1 - beta1 ** t)
v_hat = v / (1 - beta2 ** t)
theta -= learning_rate * m_hat / (sqrt(v_hat) + epsilon)
```

另外，引入以下由学习率 α 得到的 α_t，可以更高效地进行训练[33]。这里不进行具体计算。

$$\alpha_t = \alpha \cdot \frac{\sqrt{1 - \beta_2^t}}{1 - \beta_1^t} \tag{4.77}$$

这时的伪代码如下所示。

---

[32] 如果真正的二阶矩 $\mathrm{E}[g_t^2]$ 不变，则 $\zeta = 0$，否则要通过减小各衰减率 $1 - \beta_1$ 和 $1 - \beta_2$ 的方法使得 ζ 近似等于 0。因此，一般都设置为 $\beta_1 = 0.9$、$\beta_2 = 0.999$。

[33] 详细内容请参考文献 [12]。

```
# 初始化
m= 0
v= 0

# 重复
learning_rate_t = learning_rate * sqrt(1 - beta2 ** t) / (1 - beta1 ** t)
m = beta1 * m + (1 - beta1) * g
v = beta2 * v + (1 - beta2) * g * g
theta -= learning_rate_t * m / (sqrt(v) + epsilon)
```

如果使用库进行开发，那么使用 TensorFlow 时的写法如下所示。

```
optimizer = tf.train.AdamOptimizer(learning_rate=0.001,
                                   beta1=0.9,
                                   beta2=0.999)
```

使用 Keras 时的写法如下所示。

```
from keras.optimizers import Adam

optimizer=Adam(lr=0.001, beta_1=0.9, beta_2=0.999)
```

4.5.3 早停法

我们已经了解了设置高效学习率的方法，但是关于训练轮数（即迭代数），目前为止我们用的都是事先决定好的值。虽然训练轮数越多，训练结果和训练数据之间的误差就越小，但是也会招来过拟合的问题，进而降低模型的泛化能力。图 4.16 展示了实际进行迭代 300 次的实验时，针对验证数据的误差的变化情况。从图中可以看出，误差一开始下降得很顺利，然而到后面却变大（过拟合）了。

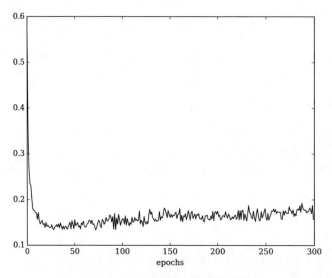

图 4.16　针对验证数据的误差变化

可以解决这个问题的方法就是**早停法**（early stopping）。这个方法非常简单，就是"如果与前一次迭代相比误差增加了，就停止训练"，所以它的实现也很简单。具体的做法是在每次迭代的最后插入早停法的检查。伪代码如下所示。

```
for epoch in range(epochs):
    loss = model.train()['loss']

    if early_stopping(loss):
        break
```

但这并不是说只要和上一轮迭代的误差进行比较就好。从图 4.16 可以看出，每一轮的误差都会上下浮动。这是在某些情况下，尤其是使用了 dropout 时，还存在没有进行训练的神经元的缘故。所以理想的做法是"在一定的迭代数内，如果误差一直增加就停止训练"。

接下来让我们来实现它。使用 TensorFlow 库时我们必须自行实现早停法 ▶34，但这并不难。下面的 EarlyStopping 类就是实现 Early Stopping 的整体框架。

```
class EarlyStopping():
    def __init__(self, patience=0, verbose=0):
```

▶34　不过，可以使用 tf.contrib.learn 中的 tf.contrib.learn.monitors.ValidationMonitor() 来进行早停法的应用。

```
        self._step = 0
        self._loss = float('inf')
        self.patience = patience
        self.verbose = verbose

    def validate(self, loss):
        if self._loss < loss:
            self._step += 1
            if self._step > self.patience:
                if self.verbose:
                    print('early stopping')
                return True
        else:
            self._step = 0
            self._loss = loss

        return False
```

这里的 patience 是用来设置"查看过去多少轮迭代的误差"的值。在训练之前使用以下代码生成 EarlyStopping 的实例,

```
early_stopping = EarlyStopping(patience=10, verbose=1)
```

然后像下面这段代码一样,在最后插入 early_stopping.validate(),

```
for epoch in range(epochs):
    for i in range(n_batches):
        sess.run(train_step, feed_dict={})

    val_loss = loss.eval(session=sess, feed_dict={})

    if early_stopping.validate(val_loss):
        break
```

这样代码就支持早停法了。

而 Keras 库中提供了早停法。

```
from keras.callbacks import EarlyStopping
```

Keras 在每一轮迭代的模型训练之后都会回调 `keras.callbacks` 所指定的函数。在模型训练前进行如下定义，

```
early_stopping = EarlyStopping(monitor='val_loss', patience=10, verbose=1)
```

然后像下面这段代码一样设置 callbacks=[early_stopping]，

```
hist = model.fit(X_train, Y_train, epochs=epochs,
                 batch_size=batch_size,
                 validation_data=(X_validation, Y_validation),
                 callbacks=[early_stopping])
```

这样就可以让代码支持早停法了。如图 4.17 所示，在运行的途中训练就终止了。

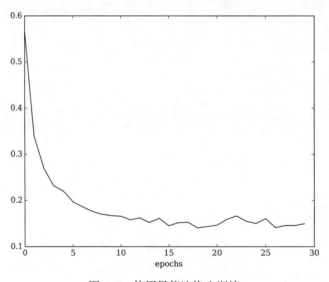

图 4.17　使用早停法终止训练

4.5.4　Batch Normalization

我们已经进行过数据集的正则化，而 Batch Normalization 则是分小批量进行正则化的方法。在数据的预处理阶段，进行数据集的正则化（白化）以及在权重的初始化上下功夫确实容易让训练进行得更好，但由于训练时的网络内部不平衡，可以说这些方法带来的效果是有限的。针对这个问题，Batch Normalization 会对每个在训练中使用的小批量数据分别进行正则化，所以我们可以期待它能带来让整体训练更稳定的效果。

下面就来看看它的具体做法。首先，假设有由 m 个数据组成的小批量 $\mathcal{B} = \{x_1, x_2, \cdots, x_m\}$，小批量的平均值 $\mu_{\mathcal{B}}$ 以及 $\sigma_{\mathcal{B}}^2$ 的表达式如下所示。

$$\mu_{\mathcal{B}} = \frac{1}{m} \sum_{i=1}^{m} x_i \tag{4.78}$$

$$\sigma_{\mathcal{B}}^2 = \frac{1}{m} \sum_{i=1}^{m} (x_i - \mu_{\mathcal{B}})^2 \tag{4.79}$$

根据上面的表达式，Batch Normalization 对小批量中的各个数据 x_i 进行如下变换。

$$\hat{x}_i = \frac{x_i - \mu_{\mathcal{B}}}{\sqrt{\sigma_{\mathcal{B}}^2 + \epsilon}} \tag{4.80}$$

$$y_i = \gamma \hat{x}_i + \beta \tag{4.81}$$

这里的 γ 和 β 都是模型的参数。式 (4.81) 的输出 $\{y_1, y_2, \cdots, y_m\}$ 就是 Batch Normalization 的输出。

使用 Batch Normalization 进行深度学习时，需要对误差函数 E 分别求模型的参数 γ、β 以及用于传给前一层的 x_i 的梯度。求得这些数据的表达式如下所示。

$$\frac{\partial E}{\partial \gamma} = \sum_{i=1}^{m} \frac{\partial E}{\partial y_i} \frac{\partial y_i}{\partial \gamma} \tag{4.82}$$

$$= \sum_{i=1}^{m} \frac{\partial E}{\partial y_i} \cdot \hat{x}_i \tag{4.83}$$

$$\frac{\partial E}{\partial \beta} = \sum_{i=1}^{m} \frac{\partial E}{\partial y_i} \frac{\partial y_i}{\partial \beta} \tag{4.84}$$

$$= \sum_{i=1}^{m} \frac{\partial E}{\partial y_i} \tag{4.85}$$

$$\frac{\partial E}{\partial x_i} = \frac{\partial E}{\partial \hat{x}_i} \frac{\partial \hat{x}_i}{\partial x_i} + \frac{\partial E}{\partial \sigma_{\mathcal{B}}^2} \frac{\partial \sigma_{\mathcal{B}}^2}{\partial x_i} + \frac{\partial E}{\partial \mu_{\mathcal{B}}} \frac{\partial \mu_{\mathcal{B}}}{\partial x_i} \tag{4.86}$$

$$= \frac{\partial E}{\partial \hat{x}_i} \cdot \frac{1}{\sqrt{\sigma_{\mathcal{B}}^2 + \epsilon}} + \frac{\partial E}{\partial \sigma_{\mathcal{B}}^2} \cdot \frac{2(x_i - \mu_{\mathcal{B}})}{m} + \frac{\partial E}{\partial \mu_{\mathcal{B}}} \cdot \frac{1}{m} \tag{4.87}$$

这里的 $\frac{\partial E}{\partial y_i}$ 是反向传播的误差，所以是已知的。而其他的梯度可以如下求得。

$$\frac{\partial E}{\partial \hat{x}_i} = \frac{\partial E}{\partial y_i} \frac{\partial y_i}{\partial \hat{x}_i} \tag{4.88}$$

$$= \frac{\partial E}{\partial y_i} \cdot \gamma \tag{4.89}$$

$$\frac{\partial E}{\partial \sigma_{\mathcal{B}}^2} = \sum_{i=1}^{m} \frac{\partial E}{\partial \hat{x}_i} \frac{\partial \hat{x}_i}{\partial \sigma_{\mathcal{B}}^2} \tag{4.90}$$

$$= \sum_{i=1}^{m} \frac{\partial E}{\partial \hat{x}_i} \cdot (x_i - \mu_{\mathcal{B}}) \cdot \frac{-1}{2} \left(\sigma_{\mathcal{B}}^2 + \epsilon \right)^{-\frac{3}{2}} \tag{4.91}$$

$$\frac{\partial E}{\partial \mu_{\mathcal{B}}} = \sum_{i=1}^{m} \frac{\partial E}{\partial \hat{x}_i} \frac{\partial \hat{x}_i}{\partial \mu_{\mathcal{B}}} + \frac{\partial E}{\partial \sigma_{\mathcal{B}}^2} \frac{\partial \sigma_{\mathcal{B}}^2}{\partial \mu_{\mathcal{B}}} \tag{4.92}$$

$$= \sum_{i=1}^{m} \frac{\partial E}{\partial \hat{x}_i} \cdot \frac{-1}{\sqrt{\sigma_{\mathcal{B}}^2 + \epsilon}} + \sum_{i=1}^{m} \frac{\partial E}{\partial \sigma_{\mathcal{B}}^2} \cdot \frac{-2(x_i - \mu_{\mathcal{B}})}{m} \tag{4.93}$$

可以看出所有的梯度都可以用误差反向传播法进行最优化[35]。

另外，由于 Batch Normalization 是对小批量数据进行正则化的方法，所以把前面一直使用的层的激活表达式

$$\boldsymbol{h} = f(\boldsymbol{W}\boldsymbol{x} + \boldsymbol{b}) \tag{4.94}$$

做一下变形，将相当于式 (4.81) 的处理写作 $\mathrm{BN}_{\gamma,\beta}(\boldsymbol{x}_i)$，那么层的激活表达式就如下所示，

$$\boldsymbol{h} = f(\mathrm{BN}_{\gamma,\beta}(\boldsymbol{W}\boldsymbol{x})) \tag{4.95}$$

就不再需要考虑偏置了。除此之外，参考文献 [13] 还列举了

- 即使学习率很大，训练效果也很好
- 即使不使用 dropout，泛化能力也很强

等 Batch Normalization 的各种优点。

那么，下面来看一下 Batch Normalization 的实现。TensorFlow 提供了名为 `tf.nn.batch_`

---

[35] 严紧地说，目前为止所考虑的 x_i、$\hat{x}_i$、y_i、$\mu_{\mathcal{B}}$、$\sigma_{\mathcal{B}}^2$ 都是向量，表达式中必须要写上 $\odot$ 等符号，但是为了让表达式更简洁，本书省略了这些符号。把它们想成是对向量的各元素进行的计算，这些表达式都成立。

normalization() 的 API，不过 Batch Normalization 的实现很简单，所以我们不使用这个 API，尝试自己来实现它。正则化处理要在激活之前进行，所以代码实现的大体流程如下所示。

```python
def batch_normalization(shape, x):
    # Batch Normalization 的处理

for i, n_hidden in enumerate(n_hiddens):
    W = weight_variable([input_dim, n_hidden])
    u = tf.matmul(input, W)
    h = batch_normalization([n_hidden], u)
    output = tf.nn.relu(h)
```

在这个 batch_normalization() 之中编写相当于式 (4.81) 的处理即可，实际的代码如下所示。

```python
def batch_normalization(shape, x):
    eps = 1e-8
    beta = tf.Variable(tf.zeros(shape))
    gamma = tf.Variable(tf.ones(shape)
    mean, var = tf.nn.moments(x, [0])
    return gamma * (x - mean) / tf.sqrt(var + eps) + beta
```

通过 tf.nn.moments() 计算平均值和方差。另外"隐藏层 – 输出层"沿用 softmax 函数，最终的 inference() 整体的代码如下所示。

```python
def inference(x, n_in, n_hiddens, n_out):
    def weight_variable(shape):
        initial = np.sqrt(2.0 / shape[0]) * tf.truncated_normal(shape)
        return tf.Variable(initial)

    def bias_variable(shape):
        initial = tf.zeros(shape)
        return tf.Variable(initial)

    def batch_normalization(shape, x):
        eps = 1e-8
        beta = tf.Variable(tf.zeros(shape))
        gamma = tf.Variable(tf.ones(shape))
```

```
    mean, var = tf.nn.moments(x, [0])
    return gamma * (x - mean) / tf.sqrt(var + eps) + beta


# 输入层 – 隐藏层、隐藏层 – 隐藏层
for i, n_hidden in enumerate(n_hiddens):
    if i == 0:
        input = x
        input_dim = n_in
    else:
        input = output
        input_dim = n_hiddens[i-1]

    W = weight_variable([input_dim, n_hidden])
    u = tf.matmul(input, W)
    h = batch_normalization([n_hidden], u)
    output = tf.nn.relu(h)

# 隐藏层 – 输出层
W_out = weight_variable([n_hiddens[-1], n_out])
b_out = bias_variable([n_out])
y = tf.nn.softmax(tf.matmul(output, W_out) + b_out)
return y
```

使用 Keras 实现的代码也许更容易让人理解模型的要领。首先导入 BatchNormalization,

```
from keras.layers.normalization import BatchNormalization
```

然后像下面这样，通过在 Dense() 和 Activation() 之间添加 BatchNormalization() 的方式来支持 Batch Normalization。

```
nmodel = Sequential()
for i, input_dim in enumerate(([n_in] + n_hiddens)[:-1]):
    model.add(Dense(n_hiddens[i], input_dim=input_dim,
                    init=weight_variable))
    model.add(BatchNormalization())
    model.add(Activation(activation))

model.add(Dense(n_out, init=weight_variable))
model.add(Activation('softmax'))
```

4.6 小结

在本章我们学习了深度学习的基础知识及其应用。神经网络的层变深之后，会出现无法顺利进行训练的问题，但是通过下面这些方法，我们解决了这个问题。

- 激活函数
- dropout
- 权重的初始化
- 学习率的设置
- 早停法
- Batch Normalization

深度学习基本上就是这一个个技术的累积。如果使用 TensorFlow 和 Keras 库，就可以轻松尝试各种方法，也就更容易出成果。

到本章为止，我们处理的都是玩具问题的数据或 MNIST（图像）等侧重于某"一点"的数据。而在现实生活中，比起这种侧重于某"一点"的数据，我们接触更多的是有了时间序列才有意义的数据。但是普通的神经网络模型不能训练时间序列数据，所以在下一章，我们去看一看如何让神经网络支持时间序列数据。

参考文献

[1] Y. LeCun, L. Bottou, G. B. Orr, et al. Efficient BackProp [J]. Neural Networks: Tricks of the Trade. Springer, 1998: 9-50.

[2] A. Krizhevsky, I. Sutskever, G. Hinton. ImageNet classification with deep convolutional neural networks [J]. NIPS, 2012: 1106-1114.

[3] A. Maas, A. Hannun, A. Ng. Rectifier nonlinearities improve neural network acoustic models [J]. International Conference on Machine Learning (ICML) Workshop on Deep Learning for Audio, Speech, and Language Processing, 2013.

[4] K. He, X. Zhang, S. Ren, J. Sun. Delving deep into rectifiers: Surpassing human-level performance on imagenet classification [J]. IEEE International Conference on Computer Vision (ICCV), 2015.

[5] B. Xu, N. Wang, T. Chen, M. Li. Empirical evaluation of rectified activations in convolutional network [D]. arXiv preprint arXiv:1505.00853, 2015.

[6] D.A. Clevert, T. Unterthiner, S. Hochreiter. Fast and accurate deep network learning by exponential linear units (ELUs) [J]. ICLR, 2016.

[7] X. Glorot, Y. Bengio. Understanding the difficulty of training deep feedforward neural networks [J]. Proc. AISTATS, 2010, 9: 249-256.

[8] N. Qian. On the momentum term in gradient descent learning algorithms [J]. Neural Networks, 1999.

[9] Y. Nesterov. A method for unconstrained convex minimization problem with the rate of convergence $O\ (1/k^2)$ [J]. Doklady ANSSSR, 1983.

[10] J.C. Duchi, E. Hazan, Y. Singer. Adaptive subgradient methods for online learning and stochastic optimization [J]. Journal of Machine Learning Research, 2011.

[11] M. Zeiler. Adadelta: An adaptive learning rate method [J]. arXiv preprint arXiv:1212.5701, 2012.

[12] D. P. Kingma, J. L. Ba. Adam: A method for stochastic optimization [J]. arXiv preprint arXiv:1412.6980, 2014.

[13] S. Ioffe, C. Szegedy. Batch normalization: Accelerating deep network training by reducing internal covariate shift [J]. arXiv preprint arXiv:1502.03167, 2015.

第5章

循环神经网络

本章我们来看一下如何处理用普通深度学习模型处理不好的时间序列数据。专门用于处理时间序列数据的模型称为**循环神经网络**（Recurrent Neural Network，RNN）。在本章中，我们将探讨这个引入了"时间"概念的神经网络到底是个什么样的模型，以及如何让这样的模型进行训练。尤其是本章将要介绍的 LSTM 算法和 GRU 算法，对于时间序列数据的分析来说它们不可或缺，请务必理解透彻。

5.1　基本概念

5.1.1　时间序列数据

到目前为止，我们考虑的（图像等）数据都是把 1 个向量 x_n 作为 1 个输入数据来处理的。与之相比，时间序列数据则是把 $[x(1), \cdots, x(t), \cdots, x(T)]$ 这样的 T 个数据作为 1 个输入数据集合，然后对多个这样的数据集合进行处理的。例如根据日本 1 月到 6 月的降雨量来预测 7 月的降雨量时，如果手头有从 2001 年到 2016 年的数据，那么就是使用 16 个 $T = 6$ 的时间序列数据来进行预测。

时间序列数据只是一个统称，其种类有很多。除了刚刚举的日本降雨量的例子，现实社会中还有电车的乘客数量、汽车的驾驶数据、商店的销售额、股价和外汇牌价等大量的时间序列数据。另外，书中的这些文字也是时间序列数据，因为它们的排列次序都是有意义的。循环神经网络通过对这些排列次序上有（或看起来有）规律的数据进行训练，就可以在处理未知的时间序列数据时，对其未来的状态进行预测。

sin 波就是一种简单的时间序列数据。对于时刻 t，有下面的 $f(t)$ 函数。

$$f(t) = \sin\left(\frac{2\pi}{T}t\right) \quad (t = 1, \cdots, 2T) \tag{5.1}$$

函数图像如图 5.1 所示[1]，其中 T 表示波的周期。首先我们来考虑一个玩具问题：这个 sin 波能否使用循环神经网络来预测。

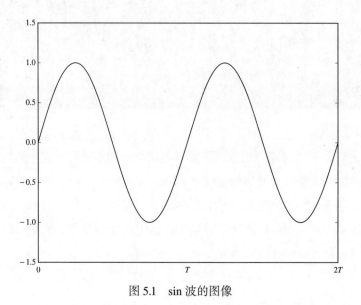

图 5.1 sin 波的图像

如果直接就这样预测，那么用来进行预测的就会是一些遵循真实分布的数据，所以我们考虑加入了噪声 u 的 sin 波，如下所示。

$$f(t) = \sin\left(\frac{2\pi}{T}t\right) + 0.05u \tag{5.2}$$

$$u \sim U(-1.0, 1.0) \tag{5.3}$$

这里令 $U(a, b)$ 表示从 a 到 b 的均匀分布。图 5.2 表示了式 (5.2) 所代表的加入了噪声的 sin 波。

---

[1] 实现时，从 $t = 0$ 开始赋值。

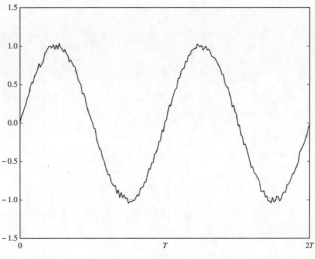

图 5.2　加入了噪声的 sin 波图像

　　sin 波本身是简单的时间序列数据，但它表示的其实是声音。肉眼不可见的声音呈波形，所以称为"声波"。人们通过鼓膜捕获声波的振动来识别声音。有规律的式 (5.1) 表示没有杂音的纯净的声音，在其基础上加入了噪声的式 (5.2) 则表示混有杂音的声音 ▸2。如果能用循环神经网络训练 sin 波，那么就可以考虑把这项技术应用在语音识别和语音分析上了。另外，如果能够从混有噪声的 sin 波中识别出真正的 sin 波，那就说明循环神经网络能够实现相当于去除噪声的处理。所以，虽然我们前面说预测 sin 波是玩具问题，程序比较简单，但这个问题的解决方案也是可以应用于现实生活当中的。

5.1.2　过去的隐藏层

　　预测时间序列数据，也就是向神经网络中引入时间概念时，必须在模型中保存过去的状态。由于我们必须掌握过去对现在（肉眼看不见）的影响，所以需要定义"过去的"隐藏层。表达这一思路的最简单的图形模型如图 5.3 所示。层本身由"输入层 – 隐藏层 – 输出层"组成，与一般的神经网络没什么区别。但是，除了时刻 t 的输入 $\boldsymbol{x}(t)$ 之外，还要保存时刻 $t-1$ 的隐藏层的值 $\boldsymbol{h}(t-1)$，并将该值传给时刻 t 的隐藏层。这一点与之前我们学习的神经网络有很大不同。由于需要将（现在）时刻 t 的状态保存下来，并作为（下一时刻）$t-1$ 的状态反馈给（下一时刻的）隐藏层，所以过去的隐藏层的值 $\boldsymbol{h}(t-1)$ 递归地反映了过去所有的状态。这就是称引入了时间概念的神经网络为循环（或递归）神经网络的

▸2　不含噪声和含有噪声的 sin 波的音频文件可参考随书下载的代码包中的 5/sin.mp3 和 5/sin_noise.mp3。

原因▶3。

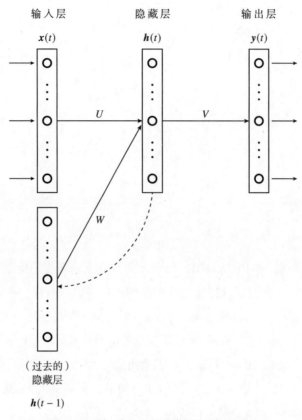

图 5.3 增加了过去的隐藏层的神经网络

虽然加入了过去的隐藏层，但是模型输出的表达式并没有变得多难。下面简单地写一下表达式，首先是隐藏层的表达式。

$$h(t) = f(Ux(t) + Wh(t-1) + b) \tag{5.4}$$

然后是输出层的表达式。

$$y(t) = g(Vh(t) + c) \tag{5.5}$$

这里的 $f(\cdot)$、$g(\cdot)$ 是激活函数，b、c 是偏置向量。除了隐藏层的表达式中含有从过去正向传播的 $Wh(t-1)$ 之外，循环神经网络与一般的神经网络没有区别，所以各模型的参数应该

▶3　与此相对，本章之前我们所探讨的、从输入到输出都是单方向的网络称为前馈神经网络（feedforward neural network）。

也可以用反向传播算法进行最优化。令误差函数为 $E := E(U, V, W, b, c)$，我们来考虑一下它对各个参数的梯度。与前面的做法一样，首先将隐藏层、输出层在激活之前的值定义为如下所示的 $p(t)$、$q(t)$。

$$p(t) \ := \ Ux(t) + Wh(t-1) + b \tag{5.6}$$

$$q(t) \ := \ Vh(t) + c \tag{5.7}$$

于是，可以对隐藏层、输出层的误差项，

$$e_h(t) \ := \ \frac{\partial E}{\partial p(t)} \tag{5.8}$$

$$e_o(t) \ := \ \frac{\partial E}{\partial q(t)} \tag{5.9}$$

求得如下所示的表达式。

$$\frac{\partial E}{\partial U} \ = \ \frac{\partial E}{\partial p(t)} \left(\frac{\partial p(t)}{\partial U} \right)^{\mathrm{T}} = e_h(t) x(t)^{\mathrm{T}} \tag{5.10}$$

$$\frac{\partial E}{\partial V} \ = \ \frac{\partial E}{\partial q(t)} \left(\frac{\partial q(t)}{\partial V} \right)^{\mathrm{T}} = e_o(t) h(t)^{\mathrm{T}} \tag{5.11}$$

$$\frac{\partial E}{\partial W} \ = \ \frac{\partial E}{\partial p(t)} \left(\frac{\partial p(t)}{\partial V} \right)^{\mathrm{T}} = e_h(t) h(t-1)^{\mathrm{T}} \tag{5.12}$$

$$\frac{\partial E}{\partial b} \ = \ \frac{\partial E}{\partial p(t)} \odot \frac{\partial p(t)}{\partial b} = e_h(t) \tag{5.13}$$

$$\frac{\partial E}{\partial c} \ = \ \frac{\partial E}{\partial q(t)} \odot \frac{\partial q(t)}{\partial c} = e_o(t) \tag{5.14}$$

这样一来，我们只需考虑式 (5.8) 和式 (5.9) 的误差项即可。即使添加了过去的隐藏层这一概念，对模型进行最优化的做法也是不变的。

不过对于误差函数 E——尤其是想要预测 sin 波时——还是需要稍加注意的。我们之前使用交叉熵误差函数作为误差函数，它适用于输出层的激活函数 $g(\cdot)$ 为 softmax 函数（或 sigmoid 函数）的情况，而在预测 sin 波时，输出不再是概率而是其值本身，所以令 $g(x) = x$，也就是让式 (5.5) 变为线性激活的表达式。

$$y(t) = Vh(t) + c \tag{5.15}$$

这种情况下的误差函数我们必须要考虑，不过也没必要想得太复杂。只要误差函数能表示模型的预测值 $y(t)$ 与正确值 $t(t)$ 之间的最小误差即可，例如下面的**平方误差函数**（squared error function）就能满足要求 [4]，[5]。

$$E := \frac{1}{2} \sum_{t=1}^{T} \|y(t) - t(t)\|^2 \tag{5.16}$$

5.1.3　基于时间的反向传播算法

在求循环神经网络的误差时，有一点必须要注意。在一般的神经网络中，如果以平方误差函数作为误差函数，那么误差 $e_h(t)$、$e_o(t)$ 与式 (3.101)、式 (3.102) 一样，如下所示。

$$e_h(t) = f'(p(t)) \odot V^T e_o(t) \tag{5.17}$$

$$e_o(t) = g'(q(t)) \odot (y(t) - t(t)) \tag{5.18}$$

这些表达式本身没有问题，但是由于循环神经网络在正向传播时考虑了时刻 $t-1$ 的隐藏层的输出 $h(t-1)$，所以在反向传播时也要考虑 $t-1$ 的误差。

将循环神经网络按照时间轴展开也许就更容易理解了。比如图 5.4 是到时刻 $t-2$ 的输出 $x(t-2)$ 为止的情况，误差 $e_h(t)$ 反向传播到 $e_h(t-1)$，$e_h(t-1)$ 再进一步反向传播到 $e_h(t-2)$。就像这样，与正向传播时要用 $h(t-1)$ 的递归表达式来表示 $h(t)$ 一样，在反向传播时也要用 $e_h(t)$ 来表示 $e_h(t-1)$。由于此时误差是回溯时间反向传播的，所以这叫作**基于时间的反向传播算法**（Backpropagation Through Time），缩写为 BPTT。

既然这个算法叫作基于时间的反向传播算法，那么我们应该考虑的就是如何用 $e_h(t)$ 的表达式来表示 $e_h(t-1)$。时刻 $t-1$ 的误差如下所示。

$$e_h(t-1) = \frac{\partial E}{\partial p(t-1)} \tag{5.19}$$

---

[4]　更严谨地说，式 (5.16) 应该如下所示。

$$E = \frac{1}{2} \sum_{n=1}^{N} \sum_{t=1}^{T} \|y_n(t) - t_n(t)\|^2$$

即使等式两边除以 N 和 T 也不会改变最优解，所以如果把除以 N 和 T 之后的值作为 E，那么就可以把 E 看作**均方误差函数**（mean squared error function）了。

[5]　从这种做法也可以看出，之前使用交叉熵误差函数的模型其实也可以使用平方（均方）误差函数。

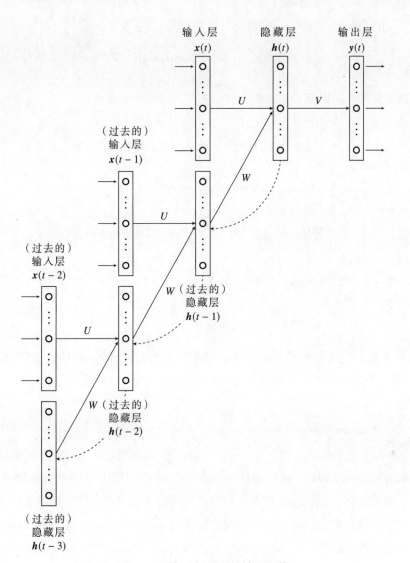

输入层 隐藏层 输出层
$x(t)$ $h(t)$ $y(t)$

（过去的）
输入层
$x(t-1)$

（过去的）
输入层
$x(t-2)$

W（过去的）
隐藏层
$h(t-1)$

W（过去的）
隐藏层
$h(t-2)$

（过去的）
隐藏层
$h(t-3)$

图 5.4 回溯时间展开的神经网络

为了求得递归关系的表达式，对其进行以下变形。

$$\boldsymbol{e}_h(t-1) = \frac{\partial E}{\partial \boldsymbol{p}(t)} \odot \frac{\partial \boldsymbol{p}(t)}{\partial \boldsymbol{p}(t-1)} \tag{5.20}$$

$$= \boldsymbol{e}_h(t) \odot \left(\frac{\partial \boldsymbol{p}(t)}{\partial \boldsymbol{h}(t-1)} \frac{\partial \boldsymbol{h}(t-1)}{\partial \boldsymbol{p}(t-1)} \right) \tag{5.21}$$

$$= \boldsymbol{e}_h(t) \odot \left(W f'(\boldsymbol{p}(t-1)) \right) \tag{5.22}$$

如此一来，$e_h(t-z-1)$ 和 $e_h(t-z)$ 就可以用递归形式表示如下。

$$e_h(t-z-1) = e_h(t-z) \odot (Wf'(p(t-z-1)))\qquad(5.23)$$

这样就可以计算所有的梯度了，各参数的更新表达式如下所示。

$$U(t+1) \;=\; U(t) - \eta \sum_{z=0}^{\tau} e_h(t-z)x(t-z)^{\mathrm{T}}\qquad(5.24)$$

$$V(t+1) \;=\; V(t) - \eta e_o(t)h(t)^{\mathrm{T}}\qquad(5.25)$$

$$W(t+1) \;=\; W(t) - \eta \sum_{z=0}^{\tau} e_h(t-z)h(t-z-1)^{\mathrm{T}}\qquad(5.26)$$

$$b(t+1) \;=\; b(t) - \eta \sum_{z=0}^{\tau} e_h(t-z)\qquad(5.27)$$

$$c(t+1) \;=\; c(t) - \eta e_o(t)\qquad(5.28)$$

这里的参数 τ 表示的是要回溯多少个过去状态来查看时间依赖性，所以理想情况应该是 $\tau \to +\infty$。但在现实中为了防止梯度消失（或者爆炸），一般也就设置在 $\tau = 10 \sim 100$[6] 这个范围内。

5.1.4　实现

　　与一般的神经网络相比，循环神经网络涉及了 BPTT 等表达式看上去比较复杂的算法，但是得益于库的存在，实现起来也不会特别难。因为我们只需编写模型的输出部分，库就会帮我们做好最优化部分的处理。下面我们就依次来看一下使用 TensorFlow 和 Keras 的实现。用于预测的数据是式 (5.2) 所表示的含有噪声的 sin 波，生成这个数据的代码如下所示。

```
def sin(x, T=100):
    return np.sin(2.0 * np.pi * x / T)

def toy_problem(T=100, ampl=0.05):
    x = np.arange(0, 2 * T + 1)
    noise = ampl * np.random.uniform(low=-1.0, high=1.0, size=len(x))
    return sin(x) + noise
```

▶6　也就是说，这里的方法不能训练长期依赖（long-term dependency）信息。解决这个问题的方法将会在后续章节中介绍。

以下面的值为例，

```
T = 100
f = toy_problem(T)
```

就能得到 $t = 0, \cdots, 200$ 时的数据。我们将这里得到的 f 作为全部数据集来进行实验。

5.1.4.1　准备时间序列数据

在进入具体的代码实现之前，我们先明确一下"sin 波的预测"这个问题的含义。这里所说的预测是指，在获取了从时刻 1 到时刻 t 为止含有噪声的 sin 波的值 $f(1), \cdots, f(t)$ 后，能否预测时刻 $t + 1$ 的值 $f(t + 1)$。如果预测值 $\hat{f}(t + 1)$ 是恰当的，那么使用这个值就可以递归地预测 $\hat{f}(t + 2), \cdots, \hat{f}(t + n)$ 等未来的状态。

理想情况是将过去所有时间序列数据的值 $f(1), \cdots, f(t)$ 都直接用作模型的输入，但是为了 BPTT 计算方便，这次我们只回溯到 $\tau = 25$ 的数据。虽然这意味着从数据中舍弃了长期依赖的信息，但这样一来数据集就只有 $t - \tau$ 个了。

$$\boxed{f(1) \; \cdots \; f(\tau)} \rightarrow f(\tau + 1)$$

$$\boxed{f(2) \; \cdots \; f(\tau + 1)} \rightarrow f(\tau + 2)$$

$$\vdots$$

$$\boxed{f(t - \tau) \; \cdots \; f(t)} \rightarrow f(t + 1)$$

因此时间 τ 所包含的时间序列信息的训练就更容易进行了。将前面的全部数据 f 分割成含有 τ 个数据的代码如下所示。

```
length_of_sequences = 2 * T # 全部时间序列数据的长度
maxlen = 25 # 1 个时间序列数据的长度

data = []
target = []

for i in range(0, length_of_sequences - maxlen + 1):
    data.append(f[i: i + maxlen])
    target.append(f[i + maxlen])
```

这里的 maxlen 就相当于 τ。另外，data 是预测时使用的长度为 τ 的时间序列数据群，target 是通过预测应得出的数据群。

在传给模型 data 和 target 数据集之前，还要再对每个时刻的数据进行拆分。

$$\vdots$$

$$\boxed{f(t_k - \tau)} \quad \cdots \quad \boxed{f(t_k - \tau + a)} \quad \cdots \quad \boxed{f(t_k)}$$

$$\vdots$$

由于这次数据中只有 sin 波的值，所以输入 $\boxed{f(t_k - \tau + a)}$ 是一维的。不过请注意，在更复杂的问题中，输入有可能是二维或以上的。也就是说，如果设数据个数为 N、输入的维度为 $I(= 1)$，那么模型中使用的全体输入 X 的维度为 (N, τ, I)。表现为代码时，可以用 reshape() 如下编写。

```
X = np.array(data).reshape(len(data), maxlen, 1)
```

同样，为了支持模型输出的维度（一维），对 target 也要进行如下变形。

```
Y = np.array(target).reshape(len(data), 1)
```

它们等价于下列代码。

```
X = np.zeros((len(data), maxlen, 1), dtype=float)
Y = np.zeros((len(data), 1), dtype=float)

for i, seq in enumerate(data):
    for t, value in enumerate(seq):
        X[i, t, 0] = value
    Y[i, 0] = target[i]
```

这样就准备好时间序列数据了。为了完成实验，和之前一样将数据分割为训练数据和验证数据。

```
N_train = int(len(data) * 0.9)
N_validation = len(data) - N_train
```

```
X_train, X_validation, Y_train, Y_validation = \
    train_test_split(X, Y, test_size=N_validation)
```

5.1.4.2　使用 TensorFlow 的实现

在循环神经网络的实现上，`inference()`、`loss()`、`training()` 的结构与之前讲过的并没有什么不同。我们依次来看看具体的内容。

首先是 `inference()`，它简易的伪代码应该是下面这样的。

```
def inference(x):
    s = tanh(matmul(x, U) + matmul(s_prev, W) + b)
    y = matmul(s, V) + c
    return y
```

不过，从这个代码中我们无法了解 s_prev 应当回溯过去多久的数据，所以需要添加相当于时间 τ 的参数 maxlen，然后在某个地方进行如下计算。

```
def inference(x, maxlen):
  # ...
  for t in range(maxlen):
    s[t] = s[t - 1]
  y = matmul(s[t], V) + c
  return y
```

使用 TensorFlow 开发时，可以用 `tf.contrib.rnn.BasicRNNCell()` 来实现时间序列的状态的保存 [7]。

```
cell = tf.contrib.rnn.BasicRNNCell(n_hidden)
```

这里的 cell 在内部保存着 state（隐藏层的状态），只要把它依次传给后面的时间，就能实现沿着时间轴的正向传播。由于最早的时间只有输入层（没有过去的隐藏层），所以作为代替，需要像下面这样给它 "0" 的状态。

---

[7] 本来用于循环神经网络的 API 是 `tf.nn.rnn` 等模块提供的，不过 TensorFlow 从 1.0.0 版开始就转移到 `tf.contrib.rnn` 了。以后随着版本升级，API 也许还会发生变化，所以在这里只要掌握代码实现的主要结构就好。

```
initial_state = cell.zero_state(n_batch, tf.float32)
```

这里的 n_batch 是数据的个数。虽然 placeholder 中训练数据的个数可以是 None，但 cell. zero_state() 必须持有实际的值，所以这里使用了 n_batch 参数。这种处理方式和 dropout 时使用的 keep_prob 相似，这样想也许更容易理解。

把这些组合起来，从输入层到输出层之前的输出便可如下实现。

```
state = initial_state
outputs = [] # 保存过去的隐藏层的输出
with tf.variable_scope('RNN'):
    for t in range(maxlen):
        if t > 0:
            tf.get_variable_scope().reuse_variables()
        (cell_output, state) = cell(x[:, t, :], state)
        outputs.append(cell_output)
        output = outputs[-1]
```

基本流程就是依次计算各时刻 t 的输出 cell(x[:, t, :], state)。不过，在循环神经网络中需要根据过去的值来求现在的值，所以需要能够访问表示过去的变量。为了实现这一点，需要添加以下两部分代码。

```
with tf.variable_scope('RNN'):
```

以及

```
if t > 0:
    tf.get_variable_scope().reuse_variables()
```

前者用于对变量添加共通的名称（前缀）。加了这段代码后，试着用 print(outputs) 输出信息，可以看到各个过去的层都会像下面这样被命名为 RNN/basic_rnn_cell_*/Tanh:0[8]。

▶8 从这段输出也可以看出，隐藏层的激活函数用的是双曲正切函数 $\tanh(x)$。这是由于 BasicRNNCell (activation=tf.tanh) 这个默认的参数起了作用。一般使用 $\tanh(x)$ 的情况比较多，不过从式 (5.4) 可以看出，使用其他的激活函数也没有问题。

```
[<tf.Tensor 'RNN/basic_rnn_cell/Tanh:0' shape=(?, 20) dtype=float32>,
 <tf.Tensor 'RNN/basic_rnn_cell_1/Tanh:0' shape=(?, 20) dtype=float32>,
 ...( 中间省略 )...,
 <tf.Tensor 'RNN/basic_rnn_cell_23/Tanh:0' shape=(?, 20) dtype=float32>,
 <tf.Tensor 'RNN/basic_rnn_cell_24/Tanh:0' shape=(?, 20) dtype=float32>]
```

后者则表明了要再次使用带有该名称的变量。使用得到的输出 output，就可以将"隐藏层 – 输出层"和前面一样表示如下。

```
V = weight_variable([n_hidden, n_out])
c = bias_variable([n_out])
y = tf.matmul(output, V) + c # 线性激活
```

这样就完成了模型输出部分的代码。将前面的代码进行汇总，得到 inference() 整体的代码如下所示。

```
def inference(x, n_batch, maxlen=None, n_hidden=None, n_out=None):
    def weight_variable(shape):
        initial = tf.truncated_normal(shape, stddev=0.01)
        return tf.Variable(initial)

    def bias_variable(shape):
        initial = tf.zeros(shape, dtype=tf.float32)
        return tf.Variable(initial)

    cell = tf.contrib.rnn.BasicRNNCell(n_hidden)
    initial_state = cell.zero_state(n_batch, tf.float32)

    state = initial_state
    outputs = [] # 保存过去的隐藏层的输出
    with tf.variable_scope('RNN'):
        for t in range(maxlen):
            if t > 0:
                tf.get_variable_scope().reuse_variables()
            (cell_output, state) = cell(x[:, t, :], state)
            outputs.append(cell_output)

    output = outputs[-1]
```

```
        V = weight_variable([n_hidden, n_out])
        c = bias_variable([n_out])
        y = tf.matmul(output, V) + c # 线性激活

        return y
```

剩下的 loss() 和 training() 的代码与之前基本没有变化。这次在 loss() 中使用的是均方误差函数。

```
def loss(y, t):
    mse = tf.reduce_mean(tf.square(y - t))
    return mse
```

所以，在 training() 中使用 Adam 时的代码如下所示。

```
def training(loss):
    optimizer = \
        tf.train.AdamOptimizer(learning_rate=0.001, beta1=0.9, beta2=0.999)

    train_step = optimizer.minimize(loss)
    return train_step
```

使用上述代码，在主处理的部分将模型设置相关的代码编写如下。

```
n_in = len(X[0][0])  # 1
n_hidden = 20
n_out = len(Y[0])  # 1

x = tf.placeholder(tf.float32, shape=[None, maxlen, n_in])
t = tf.placeholder(tf.float32, shape=[None, n_out])
n_batch = tf.placeholder(tf.int32)

y = inference(x, n_batch, maxlen=maxlen, n_hidden=n_hidden, n_out=n_out)
loss = loss(y, t)
train_step = training(loss)
```

由于 n_batch 的值在使用训练数据时和使用验证数据时会发生变化，所以这里把它用作 placeholder。另外，实际的训练模型的代码也可以与之前一样编写。

```
epochs = 500
batch_size = 10

init = tf.global_variables_initializer()
sess = tf.Session()
sess.run(init)

n_batches = N_train // batch_size

for epoch in range(epochs):
    X_, Y_ = shuffle(X_train, Y_train)

    for i in range(n_batches):
        start = i * batch_size
        end = start + batch_size

        sess.run(train_step, feed_dict={
            x: X_[start:end],
            t: Y_[start:end],
            n_batch: batch_size
        })

    # 使用验证数据进行评估
    val_loss = loss.eval(session=sess, feed_dict={
        x: X_validation,
        t: Y_validation,
        n_batch: N_validation
    })

    history['val_loss'].append(val_loss)
    print('epoch:', epoch,
          ' validation loss:', val_loss)

    # 检查 Early Stopping
    if early_stopping.validate(val_loss):
        break
```

这样就可以进行模型的训练了。实际运行后，如图 5.5 所示，可以看出确实能够完成 sin 波的训练。

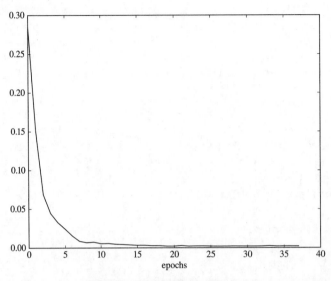

图 5.5 sin 波的预测误差的变化

既然误差变小，训练也能够完成了，那我们就来看一下用实际训练好的循环神经网络模型能否生成 sin 波吧。先从原数据最开始的部分取出长度为 τ 的数据（即 1 个数据），用它来预测 $\tau + 1$。然后把 $\tau + 1$ 用作模型的输入再去预测 $\tau + 2$，之后重复这个流程。这样一来，从 $2\tau + 1$ 开始，就全部都是由模型的预测值作为输入所产生的输出了。实际编写代码时，要向下面这样先取出数据最开始的 τ 的部分。

```
truncate = maxlen
Z = X[:1] # 只取出原数据最开始的部分
```

然后为了图示，定义 original 和 predicted。

```
original = [f[i] for i in range(maxlen)]
predicted = [None for i in range(maxlen)]
```

之后会随时向这个 predicted 添加预测值。依次进行预测的代码如下所示。

```
for i in range(length_of_sequences - maxlen + 1):
    # 根据最后的时间序列数据预测未来
    z_ = Z[-1:]
    y_ = y.eval(session=sess, feed_dict={
```

```
      x: Z[-1:],
      n_batch: 1
})
# 使用预测结果生成新的时间序列数据
sequence_ = np.concatenate(
    (z_.reshape(maxlen, n_in)[1:], y_), axis=0) \
    .reshape(1, maxlen, n_in)
Z = np.append(Z, sequence_, axis=0)
predicted.append(y_.reshape(-1))
```

为了让输出的大小和输入的大小一致，对预测值 y_ 进行了一些调整。虽然这部分的代码看起来有些复杂，但是所做的事情不过是"将最近一次的预测值再次用作模型的输入"而已。用以下代码可以生成如图 5.6 所示的图形。

```
plt.rc('font', family='serif')
plt.figure()
plt.plot(toy_problem(T, ampl=0), linestyle='dotted', color='#aaaaaa')
plt.plot(original, linestyle='dashed', color='black')
plt.plot(predicted, color='black')
plt.show()
```

虽然与真正的 sin 波（图中的虚线）有些偏离，但我们确实成功预测出抓住了波的特征的时间序列数据。

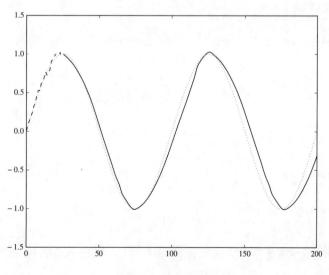

图 5.6　生成 sin 波

5.1.4.3 使用 Keras 的实现

使用 TensorFlow 实现时用的是 tf.contrib.rnn.BasicRNNCell()，而使用 Keras 时，引入下面的库即可支持循环神经网络。

```
from keras.layers.recurrent import SimpleRNN
```

增加层的方法与之前一样，只需编写下列代码即可。

```
model = Sequential()
model.add(SimpleRNN(n_hidden,
                    kernel_initializer=weight_variable,
                    input_shape=(maxlen, n_out)))
model.add(Dense(n_out, kernel_initializer=weight_variable))
model.add(Activation('linear'))
```

使用 TensorFlow 时还需要计算和回溯过去 state 的时间长度相应的隐藏层的输出，而 Keras 会帮我们计算这些。设置最优化方法的代码也与之前相同。

```
optimizer = Adam(lr=0.001, beta_1=0.9, beta_2=0.999)
model.compile(loss='mean_squared_error',
              optimizer=optimizer)
```

请注意误差变成了 mean_squared_error。

此外，与使用 TensorFlow 时一样，实际训练部分的代码也与前面我们讲过的完全相同。

```
epochs = 500
batch_size = 10

model.fit(X_train, Y_train,
          batch_size=batch_size,
          epochs=epochs,
          validation_data=(X_validation, Y_validation),
          callbacks=[early_stopping])
```

在 Keras 中可以用 model.predict() 得到模型的输出，使用它来生成 sin 波的代码如下所示。

```
truncate = maxlen
Z = X[:1] # 只取出原数据最开始的部分

original = [f[i] for i in range(maxlen)]
predicted = [None for i in range(maxlen)]

for i in range(length_of_sequences - maxlen + 1):
    z_ = Z[-1:]
    y_ = model.predict(z_)
    sequence_ = np.concatenate(
        (z_.reshape(maxlen, n_in)[1:], y_),
        axis=0).reshape(1, maxlen, n_in)
    Z = np.append(Z, sequence_, axis=0)
    predicted.append(y_.reshape(-1))
```

与使用 TensorFlow 时相比，使用 Keras 实现的代码要简单得多，但是大家要仔细理解在代码背后进行的每一个计算。

5.2 LSTM

5.2.1 LSTM 块

虽然可以通过引入过去的隐藏层来预测时间序列数据，但是还存在着由梯度消失所导致的无法训练长期依赖信息的问题。为了解决这个问题而出现的方法就是 **LSTM**（Long Short-Term Memory）。顾名思义，LSTM 是对长期依赖和短期依赖都能够进行训练的算法。

在详细了解 LSTM 的内容之前，我们先来了解一下它的概要。之前我们所考虑的神经网络的隐藏层中只有简单的神经元，而在 LSTM 中，为了训练长期依赖信息，放置的则是名为 **LSTM 块**（LSTM block）的类似于电路的结构（如图 5.7 所示）[9]。当然，现在大家还不需要理解 LSTM 块的内部结构。从图中可以看出，一个个神经元都被替换为 LSTM 块了。这就是引入了 LSTM 块的网络与普通的（循环）神经网络有较大差异的部分。虽然模型看起来复杂了，但只是把神经元替换为 LSTM 块而已，模型整体的结构与图 5.3 没有区别。

---

[9] 或者称为 **LSTM 记忆块**（LSTM memory block）。

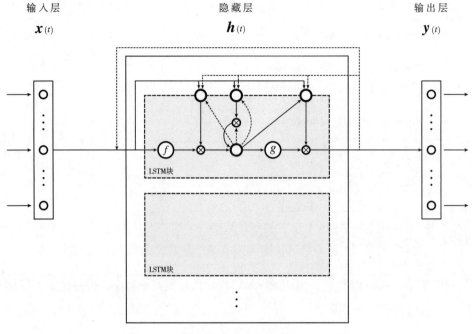

图 5.7 引入 LSTM 块

如图 5.8 所示，将隐藏层中的 LSTM 块的输出作为过去的隐藏层予以保存，并再次传播给隐藏层。

LSTM 算法本身并不是最近才出现的，其最早的相关文献 [1] 发表于 1997 年，之后又经历了多次改良。图 5.7 所示的模型就是改良版的 LSTM。根据相关文献，LSTM 经历了以下 3 次大的改良。

1. 引入 CEC、输入门、输出门 [1]
2. 引入遗忘门 [2]
3. 引入窥视孔连接 [3]

LSTM 与之前出现的模型看起来大不相同，不过只要我们按照上面这个顺序了解了这些改良之后就会容易理解了。接下来就让我们依次来看一下这些改良。

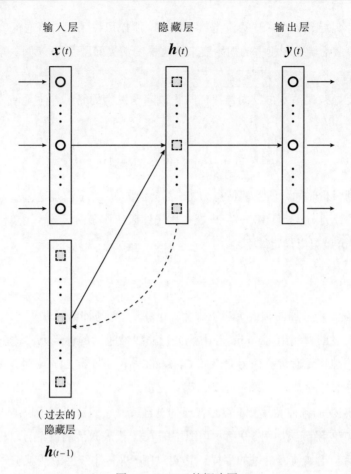

图 5.8 LSTM 的概略图

5.2.2 CEC、输入门和输出门

5.2.2.1 稳态误差

在隐藏层由普通神经元构成的循环神经网络中，如果回溯的时间过深过久，就会出现梯度消失问题。不过，为什么梯度会消失呢？这里通过式 (5.22) 和式 (5.23) 进行说明。从这两个表达式可以得到时刻 $t - z$ 的隐藏层的误差 $e_h(t - z)$，为简单起见，这里我们省略向量元素积的记号，将表达式如下记述。

$$e_h(t - z) = e_h(t) \prod_{\tau=1}^{z} W f'(p(t - \tau)) \tag{5.29}$$

因此，如果激活函数 $f(\cdot)$ 是 sigmoid 函数，那么 $f'(\cdot) \leqslant 0.25$ 会被指数倍地相乘，而且权重

W 也会随之变小，导致 $e_h(t-z)$ 的值指数级缩小。所以可以采用与普通深度学习时一样的做法，通过调整激活函数和权重的初始值来解决梯度消失问题[10]，不过，LSTM 采取的则是修改网络（神经元）构造的方法。

　　梯度消失会导致误差不再反向传播，防止该问题发生的简单方法是使式 (5.22) 满足以下条件。

$$e_h(t-1) = e_h(t) \odot (W f'(p(t-1))) = \mathbf{1} \tag{5.30}$$

这样，无论回溯多少时间，误差都保持为 **1**（不会消失）。为了满足这一点，可以想到的最简单的做法就是让 $f(x) = x$ 且 $W = I$，也就是用线性激活作激活函数，用单位矩阵作权重矩阵。这样式 (5.30) 就可以简化如下。

$$e_h(t-1) = e_h(t) = \mathbf{1} \tag{5.31}$$

而要实现这一点，新增加的神经元就必须和隐藏层现有的神经元并列。这是由于模型需要我们之前考虑过的、使用 sigmoid 等函数进行非线性激活的神经元。这里新增加的使得误差不再变化的神经元通常被称为 **CEC**（Constant Error Carousel，常量误差传输子）[11]。carousel 是旋转木马的意思，顾名思义，引入 CEC 之后，误差就会在原地打转（不再变化）。现在隐藏层中的各神经元已不再是普通的神经元，它们被换成了块结构。

　　增加了 CEC 的隐藏层如图 5.9 所示。图中的 f、g 代表激活函数，与之相对应的神经元会被非线性激活。正如前面讲过的那样，其实只用 f 进行非线性激活就够了，但这里再一次（使用 g）进行非线性激活，可以使值更容易传播。另外，图中央的 CEC 将收到的值直接作为过去的值进行保存，并传给下一时刻。也就是说，虚线的箭头表示过去时间的传播，× 符号的节点表示要乘的值。

　　接下来考虑 CEC 的值的传播。设 f 激活后的值为 $a(t)$，CEC 的值为 $c(t)$，那么有以下表达式成立[12]。

$$c(t) = a(t) + c(t-1) \tag{5.32}$$

[10]　实际上，在文献 [4] 中就展示了将 ReLU 用作简单循环神经网络的激活函数，并用单位矩阵来初始化权重的做法，并证明了这种做法可以完成长期依赖的学习。这篇论文发表于 2015 年，可以说是在深度学习的研究变得活跃之后所产生的成果之一。

[11]　或者称为记忆单元（memory cell）。

[12]　$a(t)$ 和 $c(t)$ 都是向量，这相当于隐藏层中的多个 LSTM 块都可以用这个表达式来表达。图 5.9 中的 LSTM 块只有一个，所以每个向量的元素都可以用 $a_k(t)$ 和 $c_k(t)$ 来表示。一个 LSTM 块只能替换一个神经元，注意不要弄混。

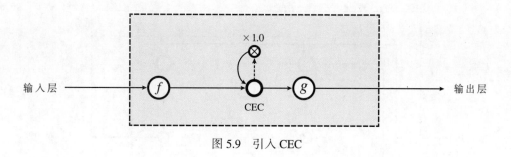

图 5.9 引入 CEC

设误差函数为 E，即可求出以下结果。

$$\frac{\partial E}{\partial \boldsymbol{c}(t-1)} = \frac{\partial E}{\partial \boldsymbol{c}(t)} \odot \frac{\partial \boldsymbol{c}(t)}{\partial \boldsymbol{c}(t-1)} = \frac{\partial E}{\partial \boldsymbol{c}(t)} \tag{5.33}$$

可以看出，在反向传播的过程中梯度不会消失。这样一来，即使回溯过去的时间，误差也会保持不变，也就可以创建能够训练长期依赖信息的网络了。

5.2.2.2　输入权重冲突和输出权重冲突

引入 CEC 就可以记住过去所有的输入信息，回溯到过去时刻时也就能将误差反向传播了。不过，在训练时间序列数据时还有一个大问题。对于某个神经元，当收到神经元应当激活的信号时，应该增大权重、进行激活；收到无关的信号时，应该减小权重、不进行激活。具体来说，在以时间序列数据为输入时，模型就应该在收到有时间依赖性的信号时增大权重，收到没有依赖性的信号时减小权重。但是只要神经元以同样的权重相连接，那么两种情况就会相互打消彼此权重的更新，这就特别容易导致长期依赖信息的训练不能很好地进行。这个问题被称为**输入权重冲突**（input weight conflict），是循环神经网络训练受阻的一大原因。神经元的输出也存在一样的问题，被称为**输出权重冲突**（output weight conflict）。

为了解决这个问题，需要设置一个机制，让神经元"只有"在收到具有依赖性的信号时被激活，其他情况则是在内部保存似乎具有依赖性的信息。后者可由 CEC 实现，至于前者，需要引入类似于"门"的东西，以便能够在需要时传播信号，其他时间屏蔽信号。于是，如图 5.10 所示，LSTM 在引入 CEC 的同时又引入了**输入门**（input gate）和**输出门**（output gate）。在 CEC 的输入部分设置输入门，在输出部分设置输出门，就可以让输入 / 输出都只在需要过去的信息时才打开门并传播信号，除此之外的时间都关着门，这就实现了"有选择性地保存过去的信息"这一功能。

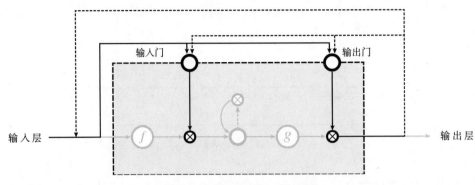

图 5.10　引入输入门、输出门

　　既然输入门和输出门都是"门"，那么理想的传播值就是 0（门关着）或者 1（门开着），而且我们还需要考虑开关门时机的最优化。通过用权重来表示各个门输入 / 输出的连接，就可以参考神经元的机制来思考表达式了。参照图 5.7，设时刻 t 的输入层的值为 $\boldsymbol{x}(t)$，隐藏层的值为 $\boldsymbol{h}(t)$，输入门和输出门的值分别为 $\boldsymbol{i}(t)$ 和 $\boldsymbol{o}(t)$，那么有以下表达式成立。

$$\boldsymbol{i}(t) = \sigma(\boldsymbol{W}_i\boldsymbol{x}(t) + \boldsymbol{U}_i\boldsymbol{h}(t-1) + \boldsymbol{b}_i) \qquad (5.34)$$

$$\boldsymbol{o}(t) = \sigma(\boldsymbol{W}_o\boldsymbol{x}(t) + \boldsymbol{U}_o\boldsymbol{h}(t-1) + \boldsymbol{b}_o) \qquad (5.35)$$

其中 $\boldsymbol{W}_*$、$\boldsymbol{U}_*$ 表示权重矩阵，$\boldsymbol{b}_*$ 表示偏置向量，$\sigma(\cdot)$ 表示各门的激活函数[13]。这样就可以把 CEC 的值由式 (5.32) 改写为下式。

$$\boldsymbol{c}(t) = \boldsymbol{i}(t) \odot \boldsymbol{a}(t) + \boldsymbol{c}(t-1) \qquad (5.36)$$

根据这些就可以进一步得出以下结果。

$$\boldsymbol{h}(t) = \boldsymbol{o}(t) \odot g(\boldsymbol{c}(t)) \qquad (5.37)$$

通过引入一个可以让过去的值只有在需要它时才能出入的门，就可以高效地训练长期依赖信息了。

5.2.3　遗忘门

　　引入了 CEC、输入门和输出门后，与普通的循环神经网络相比，LSTM 的优化成果非常显著。不过，还是存在一些问题。比如在输入的时间序列数据的模式发生剧烈变化时，LSTM 块内部不应再记忆过去的信息，但其内部保存的 CEC 的值却很难产生变化。虽然在

▶13　文献 [1] 用的是 sigmoid 函数，不过用其他激活函数也没有问题。

内部保存过去的信息很重要，但是当不再需要这些信息时，忘掉它们同样也很重要。只凭输入门和输出门并不能控制 CEC 的值，要实现这个目的，需要有能直接修改 CEC 值的手段。此时可以引入的就是如图 5.11 所示的**遗忘门**（forget gate）。

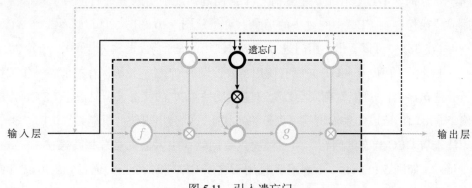

图 5.11　引入遗忘门

遗忘门的作用是接收从 CEC 传来的误差，然后在需要的时候"遗忘" CEC 中保存的值。通过表达式来看它的作用可以看得很清楚。设遗忘门的值为 $f(t)$，那么它的表达式也可以与表示输入门、输出门的式 (5.34) 和式 (5.35) 一样。

$$f(t) = \sigma\left(W_f x(t) + U_f h(t-1) + b_f\right) \tag{5.38}$$

这样可以推导出以下结果。

$$e_f(t) := \frac{\partial E}{\partial f(t)} \tag{5.39}$$

$$= \frac{\partial E}{\partial c(t)} \odot \frac{\partial c(t)}{\partial f(t)} \tag{5.40}$$

$$= e_c(t) \odot c(t-1) \tag{5.41}$$

也就是说，需要用 CEC 的值对遗忘门的值进行最优化。此外，引入遗忘门后，式 (5.32) 和式 (5.36) 所表示的 CEC 最终变成了下面的样子。

$$c(t) = i(t) \odot a(t) + f(t) \odot c(t-1) \tag{5.42}$$

这说明遗忘门确实可以控制保存在网络中的值。

5.2.4 窥视孔连接

有了 CEC 及前面的三种门，LSTM 变得非常实用，能够顺利训练大部分的长期和短期时间序列数据，不过它在结构上还有一个大问题。之前引入三种门是为了在恰当的时机传播或替换保存在 CEC 中的过去的信息。可是从图 5.10 和图 5.11，或者式 (5.34)、式 (5.35) 和式 (5.38) 中可以看出，用门进行控制时使用的是时刻 t 的输入层的值 $\boldsymbol{x}(t)$，以及时刻 $t-1$ 的隐藏层的值 $\boldsymbol{h}(t-1)$，并没有使用需要控制的 CEC 本身所保存的值。一看到控制时使用的是 $\boldsymbol{h}(t-1)$，可能就有人会以为这能够反映 CEC 的状态，但是由于 LSTM 块的输出依赖于输出门，所以如果输出门一直是关闭状态，就会出现任何门都无法访问 CEC，也就是无法查看 CEC 状态的问题。为了解决这个问题而引入的就是**窥视孔连接**（peephole connection）。如图 5.12 所示，窥视孔连接用于连接 CEC 和各个门，通过它就可以把 CEC 的状态传递给各个门了。需要注意的是传给输入门和遗忘门的是过去的值 $\boldsymbol{c}(t-1)$，而传给输出门的是 $\boldsymbol{c}(t)$。

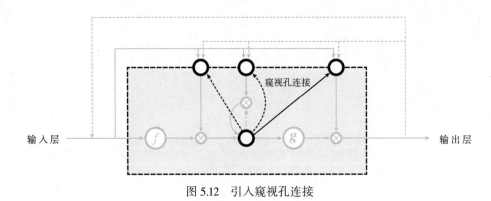

图 5.12　引入窥视孔连接

以上就是 LSTM 的机制。虽然它的结构与一般的神经网络大不相同，但这都是为了解决下面这两个问题而进行改良的结果。

- 在网络中保存过去的信息
- 只在需要的时候获取或替换过去的信息

接下来我们考虑模型的公式化，有前面这些讲解做铺垫，理解后面的内容应该不成问题。

5.2.5 模型化

虽然 LSTM 看上去比较复杂，但我们需要考虑的问题与其他模型没有区别。只要用合适的数学表达式表示正向传播和反向传播，就可以和其他模型一样，通过计算各模型参数的梯度来完成模型的训练。结合图 5.13，我们再来整理一下 CEC 和各个门的值等信息。

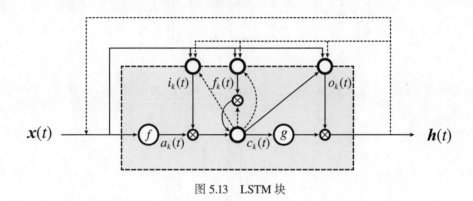

图 5.13 LSTM 块

首先，CEC 的值 $c(t)$ 与式 (5.42) 是一样的。

$$c(t) = i(t) \odot a(t) + f(t) \odot c(t-1) \tag{5.43}$$

然后，引入了窥视孔连接的各门的值 $i(t)$、$o(t)$ 和 $f(t)$ 可以写成下面这样。

$$i(t) = \sigma \left(W_i x(t) + U_i h(t-1) + V_i c(t-1) + b_i \right) \tag{5.44}$$

$$o(t) = \sigma \left(W_o x(t) + U_o h(t-1) + V_o c(t) + b_o \right) \tag{5.45}$$

$$f(t) = \sigma \left(W_f x(t) + U_f h(t-1) + V_f c(t-1) + b_f \right) \tag{5.46}$$

请注意 $o(t)$ 的窥视孔连接是由 $c(t)$ 表示的，而非 $c(t-1)$。此外，$a(t)$、$h(t)$ 表示如下。

$$a(t) = f(W_a x(t) + U_a h(t-1) + b_a) \tag{5.47}$$

$$h(t) = o(t) \odot g(c(t)) \tag{5.48}$$

式 (5.48) 和式 (5.37) 相同。这样就完成了 LSTM 块正向传播的定义。

接下来考虑反向传播。首先对式 (5.44) ~ 式 (5.47) 分别定义 $\hat{i}(t)$、$\hat{o}(t)$、$\hat{f}(t)$ 和 $\hat{a}(t)$。

$$i(t) = \sigma \left(\hat{i}(t) \right) \tag{5.49}$$

$$o(t) = \sigma \left(\hat{o}(t) \right) \tag{5.50}$$

$$f(t) = \sigma\left(\hat{f}(t)\right) \tag{5.51}$$

$$a(t) = f\left(\hat{a}(t)\right) \tag{5.52}$$

然后就可以用下式来表示这些值。

$$\begin{pmatrix} \hat{i}(t) \\ \hat{o}(t) \\ \hat{f}(t) \\ \hat{a}(t) \end{pmatrix} = \begin{pmatrix} W_i & U_i & V_i & O & b_i \\ W_o & U_o & O & V_o & b_o \\ W_f & U_f & V_f & O & b_f \\ W_a & U_a & O & O & b_a \end{pmatrix} \begin{pmatrix} x(t) \\ h(t-1) \\ c(t-1) \\ c(t) \\ 1 \end{pmatrix} \tag{5.53}$$

模型的所有参数都汇集在式 (5.53) 之中，有 W_*、U_*、V_*、b_* 共 15 个 LSTM 参数[14]。这里进行如下所示的定义，

$$s(t) := \begin{pmatrix} \hat{i}(t) \\ \hat{o}(t) \\ \hat{f}(t) \\ \hat{a}(t) \end{pmatrix} \tag{5.54}$$

$$W := \begin{pmatrix} W_i & U_i & V_i & O & b_i \\ W_o & U_o & O & V_o & b_o \\ W_f & U_f & V_f & O & b_f \\ W_a & U_a & O & O & b_a \end{pmatrix} \tag{5.55}$$

$$z(t) := \begin{pmatrix} x(t) \\ h(t-1) \\ c(t-1) \\ c(t) \\ 1 \end{pmatrix} \tag{5.56}$$

那么，式 (5.53) 就会将变成以下形式。

$$s(t) = Wz(t) \tag{5.57}$$

---

[14]　如果模型中没有窥视孔连接，那么式 (5.53) 将会变成下面这样。

$$\begin{pmatrix} \hat{i}(t) \\ \hat{o}(t) \\ \hat{f}(t) \\ \hat{a}(t) \end{pmatrix} = \begin{pmatrix} W_i & U_i & b_i \\ W_o & U_o & b_o \\ W_f & U_f & b_f \\ W_a & U_a & b_a \end{pmatrix} \begin{pmatrix} x(t) \\ h(t-1) \\ 1 \end{pmatrix}$$

参数变为 12 个。

这样处理之后，只需求 $\frac{\partial E}{\partial \boldsymbol{W}}$ 即可，和一个个求梯度时相比，表达式简洁多了。接着，再进行以下定义。

$$e_s(t) := \frac{\partial E}{\partial s(t)} \tag{5.58}$$

$$e_z(t) := \frac{\partial E}{\partial z(t)} \tag{5.59}$$

式 (5.57) 与普通的线性激活表达式的形式相同，因此可以表示如下。

$$e_z(t) = \boldsymbol{W}^{\mathrm{T}} e_s(t) \tag{5.60}$$

这样就可以得到以下结果。

$$\frac{\partial E}{\partial \boldsymbol{W}} = e_s(t) z(t)^{\mathrm{T}} \tag{5.61}$$

最终，问题就转化为求 $e_s(t)$、$e_z(t)$ 的各元素了。

首先看一下 $e_s(t)$。根据式 (5.49) ~ 式 (5.52)，事先定义 $e_i(t) := \frac{\partial E}{\partial i(t)}$、$e_{\hat{i}}(t) := \frac{\partial E}{\partial \hat{i}(t)}$ 等，然后进行如下推导。

$$e_{\hat{i}}(t) := \frac{\partial E}{\partial \hat{\boldsymbol{i}}(t)} \tag{5.62}$$

$$= \frac{\partial E}{\partial \boldsymbol{i}(t)} \odot \frac{\partial \boldsymbol{i}(t)}{\partial \hat{\boldsymbol{i}}(t)} \tag{5.63}$$

$$= e_i(t) \odot \sigma'\left(\hat{\boldsymbol{i}}(t)\right) \tag{5.64}$$

$$e_{\hat{o}}(t) := \frac{\partial E}{\partial \hat{\boldsymbol{o}}(t)} \tag{5.65}$$

$$= \frac{\partial E}{\partial \boldsymbol{o}(t)} \odot \frac{\partial \boldsymbol{o}(t)}{\partial \hat{\boldsymbol{o}}(t)} \tag{5.66}$$

$$= e_o(t) \odot \sigma'(\hat{\boldsymbol{o}}(t)) \tag{5.67}$$

$$e_{\hat{f}}(t) := \frac{\partial E}{\partial \hat{\boldsymbol{f}}(t)} \tag{5.68}$$

$$= \frac{\partial E}{\partial \boldsymbol{f}(t)} \odot \frac{\partial \boldsymbol{f}(t)}{\partial \hat{\boldsymbol{f}}(t)} \tag{5.69}$$

$$= e_f(t) \odot \sigma'\left(\hat{\boldsymbol{f}}(t)\right) \tag{5.70}$$

$$\boldsymbol{e}_{\hat{a}}(t) := \frac{\partial E}{\partial \hat{\boldsymbol{a}}(t)} \tag{5.71}$$

$$= \frac{\partial E}{\partial \boldsymbol{a}(t)} \odot \frac{\partial \boldsymbol{a}(t)}{\partial \hat{\boldsymbol{a}}(t)} \tag{5.72}$$

$$= \boldsymbol{e}_a(t) \odot f'(\hat{\boldsymbol{a}}(t)) \tag{5.73}$$

这些表达式中的 $\boldsymbol{e}_i(t)$、$\boldsymbol{e}_f(t)$、$\boldsymbol{e}_o(t)$ 和 $\boldsymbol{e}_a(t)$ 可如下表示。

$$\boldsymbol{e}_i(t) := \frac{\partial E}{\partial \boldsymbol{i}(t)} \tag{5.74}$$

$$= \frac{\partial E}{\partial \boldsymbol{c}(t)} \odot \frac{\partial \boldsymbol{c}(t)}{\partial \boldsymbol{i}(t)} \tag{5.75}$$

$$= \boldsymbol{e}_c(t) \odot \boldsymbol{a}(t) \tag{5.76}$$

$$\boldsymbol{e}_o(t) := \frac{\partial E}{\partial \boldsymbol{o}(t)} \tag{5.77}$$

$$= \frac{\partial E}{\partial \boldsymbol{h}(t)} \odot \frac{\partial \boldsymbol{h}(t)}{\partial \boldsymbol{o}(t)} \tag{5.78}$$

$$= \boldsymbol{e}_h(t) \odot g(\boldsymbol{c}(t)) \tag{5.79}$$

$$\boldsymbol{e}_f(t) := \frac{\partial E}{\partial \boldsymbol{f}(t)} \tag{5.80}$$

$$= \frac{\partial E}{\partial \boldsymbol{c}(t)} \odot \frac{\partial \boldsymbol{c}(t)}{\partial \boldsymbol{f}(t)} \tag{5.81}$$

$$= \boldsymbol{e}_c(t) \odot \boldsymbol{c}(t-1) \tag{5.82}$$

$$\boldsymbol{e}_a(t) := \frac{\partial E}{\partial \boldsymbol{a}(t)} \tag{5.83}$$

$$= \frac{\partial E}{\partial \boldsymbol{c}(t)} \odot \frac{\partial \boldsymbol{c}(t)}{\partial \boldsymbol{a}(t)} \tag{5.84}$$

$$= \boldsymbol{e}_c(t) \odot \boldsymbol{i}(t) \tag{5.85}$$

所以只要考虑 $\boldsymbol{e}_c(t) := \frac{\partial E}{\partial \boldsymbol{c}(t)}$ 和 $\boldsymbol{e}_h(t) := \frac{\partial E}{\partial \boldsymbol{h}(t)}$ 即可。由于从输出层反向传播而来的 $\boldsymbol{e}_h(t)$ 是已知

的，所以最终只要求出 $e_c(t)$ 就可以求得关于 $e_s(t)$ 的所有梯度。尝试一下求 $e_c(t)$，可以推导出下式[15]。

$$e_c(t) = \frac{\partial E}{\partial \boldsymbol{h}(t)} \odot \frac{\partial \boldsymbol{h}(t)}{\partial \boldsymbol{c}(t)} \tag{5.86}$$

$$= \boldsymbol{e}_h(t) \odot \boldsymbol{o}(t) \odot g'(\boldsymbol{c}(t)) \tag{5.87}$$

但是因为 $e_z(t)$，我们还需要考虑时刻 $t-1$ 的 $e_c(t-1)$，而这可以像下面这样求出。

$$e_c(t-1) = \frac{\partial E}{\partial \boldsymbol{c}(t)} \odot \frac{\partial \boldsymbol{c}(t)}{\partial \boldsymbol{c}(t-1)} \tag{5.88}$$

$$= \boldsymbol{e}_c(t) \odot \boldsymbol{f}(t) \tag{5.89}$$

另外，$e_h(t-1)$ 和 $e_h(t)$ 一样是已知的。到此，求 $\frac{\partial E}{\partial \boldsymbol{W}}$ 时所需的所有项就都求出来了，所以将各时间序列数据的时刻 t 的（训练过程中的）参数 $\boldsymbol{W}$ 定义为 $\boldsymbol{W}(t)$，就可以按照下式更新参数，得出最优解了。

$$\frac{\partial E}{\partial \boldsymbol{W}} = \sum_{t=1}^{T} \frac{\partial E}{\partial \boldsymbol{W}(t)} \tag{5.90}$$

5.2.6 实现

虽然 LSTM 模型的参数比普通循环神经网络的多，但是使用 TensorFlow 或 Keras 库时，无须具体编写复杂的表达式的代码即可完成开发。使用 TensorFlow 开发时，只需对 inference() 中的下面这行代码

```
cell = tf.contrib.rnn.BasicRNNCell(n_hidden)
```

进行如下修改，

```
cell = tf.contrib.rnn.BasicLSTMCell(n_hidden, forget_bias=1.0)
```

---

[15] 不过，实际进行更新计算时，由于 CEC 中的误差保持不变，所以我们使用下列表达式作为在时刻 t 的 CEC 保存的误差。

$$\boldsymbol{\delta}_c(t) \leftarrow \boldsymbol{e}_c(t+1) + \boldsymbol{e}_c(t)$$
$$\boldsymbol{e}_c(t) \leftarrow \boldsymbol{\delta}_c(t)$$

或如下修改，

```
cell = tf.contrib.rnn.LSTMCell(n_hidden, forget_bias=1.0)
```

就可以使用 LSTM 了。BasicLSTMCell() 和 LSTMCell() 的区别在于是否使用了窥视孔连接。正如之前讲过的那样，使用窥视孔连接确实可以更好地避免问题的发生。但是，在训练中出现问题的情况本身就不多，而且增加窥视孔连接意味着参数也会增加，而这会导致计算时间变长，所以有时候也会使用 BasicLSTMCell() 来训练。使用 LSTM 预测以及生成的 sin 波的结果如图 5.14 所示。

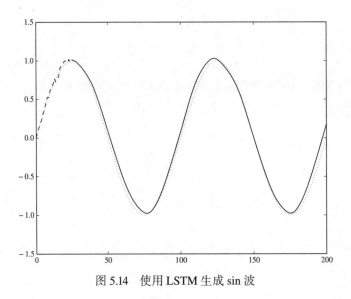

图 5.14　使用 LSTM 生成 sin 波

使用 Keras 库时做法相同，对以下代码

```
from keras.layers.recurrent import SimpleRNN

model.add(SimpleRNN(n_hidden,
                    kernel_initializer=weight_variable,
                    input_shape=(maxlen, n_in)))
```

进行如下修改即可。

```
from keras.layers.recurrent import LSTM
```

```
model.add(LSTM(n_hidden,
               kernel_initializer=weight_variable,
               input_shape=(maxlen, n_in)))
```

不过，分析 Keras 内实现的 LSTM 类的源代码就可以知道，Keras 不支持窥视孔连接 [16]。

5.2.7　长期依赖信息的训练评估——Adding Problem

sin 波的预测是对时间序列长度为 $\tau = 25$ 的数据也能充分训练的短期依赖问题，所以为了展示 LSTM 对长期依赖信息的训练能力，我们来看一下经常被用来评估模型的玩具问题——**Adding Problem**。这是输入 $x(t)$ 由信号 $s(t)$ 和掩码 $m(t)$ 这两类数据组成的时间序列数据集，$s(t)$ 是遵循从 0 到 1 的均匀分布的随机数，而 $m(t)$ 的值为 0 或者 1。不过 $m(t)$ 只在 $t = 1, \cdots, T$ 中随机选择的两点上值为 1，在其余的点上值为 0。表达式如下所示。

$$x(t) = \begin{pmatrix} s(t) \\ m(t) \end{pmatrix} \tag{5.91}$$

$$\begin{cases} s(t) \sim U(0, 1) \\ m(t) = \{0, 1\}, \ \sum_{t=1}^{T} m(t) = 2 \end{cases}$$

与输入 $x(t)$ 相对应的输出 y 的表达式如下所示。

$$y = \sum_{t=1}^{T} s(t)m(t) \tag{5.92}$$

输入 / 输出的数据示例如图 5.15 所示。我们生成 N 个这样的数据用于训练。$m(t) = 1$ 的时刻 t 是随机选择的，既有可能出现 $t = 10, 11$ 这样相邻的情况，也有可能出现 $t = 10, 200$ 这样相隔很远的情况。数据整体的时长 T 的数值越大，找出长期和短期依赖性就越困难。

---

[16]　写作本书时的 Keras 版本是 2.0，此版本尚未支持窥视孔连接，不过以后的版本也许会支持。实现类的源代码在 https://github.com/fchollet/keras/blob/master/keras/layers/recurrent.py。

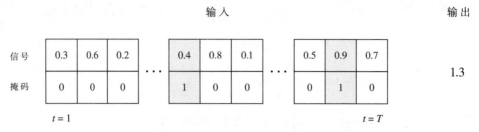

图 5.15　Adding Problem 的数据示例

下面用代码来生成 Adding Problem 的数据。首先定义随机生成掩码的函数。

```python
def mask(T=200):
    mask = np.zeros(T)
    indices = np.random.permutation(np.arange(T))[:2]
    mask[indices] = 1
    return mask
```

使用这个 mask() 生成的输入 / 输出的代码如下所示。

```python
def toy_problem(N=10, T=200):
    signals = np.random.uniform(low=0.0, high=1.0, size=(N, T))
    masks = np.zeros((N, T))
    for i in range(N):
        masks[i] = mask(T)

    data = np.zeros((N, T, 2))
    data[:, :, 0] = signals[:]
    data[:, :, 1] = masks[:]
    target = (signals * masks).sum(axis=1).reshape(N, 1)

    return (data, target)
```

代码中的 data 对应输入，target 对应输出。

接下来，通过 toy_problem() 生成 $N = 10\,000$ 个 $T = \tau = 20$ 的数据，然后进行实验。将训练数据和验证数据按 9 : 1 的比例分割后进行评估。

```python
N = 10000
T = 200
```

```
maxlen = T

X, Y = toy_problem(N=N, T=T)

N_train = int(N * 0.9)
N_validation = N - N_train

X_train, X_validation, Y_train, Y_validation = \
    train_test_split(X, Y, test_size=N_validation)
```

模型本身与之前相比没有变化，所以下面就用 LSTM 来做实验。这里采用（均方）误差函数的值作为验证数据的评估指标。如果模型不能在这个玩具问题中发现时间序列的关联性，那就会通过一直预测输出值为 $0.5 + 0.5 = 1.0$ 来让误差最小。这时误差函数的值为 0.1767，如果误差低于这个值，就说明能够训练时间依赖信息。分别用普通循环神经网络（RNN）和 LSTM 进行实验的结果如图 5.16 所示。

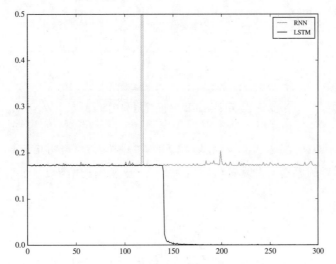

图 5.16　对 Adding Problem 进行预测的误差的变化（RNN、LSTM）

普通循环神经网络的训练完全没有进展，而使用 LSTM 时，只在初期阶段误差为 0.1767 左右时无法训练，等迭代达到一定次数之后误差急速逼近 0，这说明长期和短期依赖信息都能够得到训练。

5.3　GRU

5.3.1　模型化

虽然使用 LSTM 进行时间序列分析非常有效果，但是它的参数较多，存在计算耗时较长的问题。如果有一种模型，其性能与 LSTM 性能相当甚至更佳，并且计算时间更短，那就最好不过了。文献 [5] 提出的 **GRU**（Gated Recurrent Unit）就是一个 LSTM 的替代算法。LSTM 由 CEC、输入门、输出门和遗忘门构成，而 GRU 如图 5.17 所示，仅由**重置门**（reset gate）和**更新门**（update gate）构成。

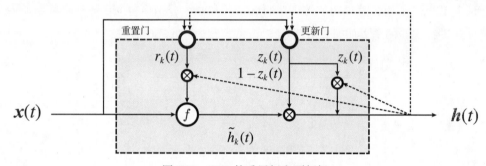

图 5.17　GRU 的重置门和更新门

下面来确定模型的表达式。该模型以 LSTM 为基础，所以考虑它的表达式时也可以采用与 LSTM 同样的思路。设重置门的值为 $r(t)$，更新门的值为 $z(t)$，它们的表达式如下所示。

$$r(t) = \sigma(W_r x(t) + U_r h(t-1) + b_r) \tag{5.93}$$

$$z(t) = \sigma(W_z x(t) + U_z h(t-1) + b_z) \tag{5.94}$$

重置门的值与隐藏层 $t-1$ 的值相乘之后，与输入 $x(t)$ 一起被激活函数 f 激活。设激活后的值为 $\tilde{h}(t)$，其表达式如下所示。

$$\tilde{h}(t) = f(W_h x(t) + U_h(r(t) \odot h(t-1)) + b_h) \tag{5.95}$$

另外，更新门的值被分割为 $z(t)$ 和 $1-z(t)$，然后分别乘以 $h(t-1)$ 和 $\tilde{h}(t)$，最后得到的是 GRU（隐藏层）的输出 $h(t)$，表达式如下所示。

$$h(t) = z(t) \odot h(t-1) + (1 - z(t)) \odot \tilde{h}(t) \tag{5.96}$$

这里得到的 $h(t)$ 会作为过去的值 $h(t-1)$ 递归地用于 GRU 的输入。GRU 的反向传播表达式如下所示。

$$\begin{pmatrix} \hat{r}(t) \\ \hat{z}(t) \\ \hat{\tilde{h}}(t) \end{pmatrix} := \begin{pmatrix} W_r & U_i & O & b_r \\ W_z & U_o & O & b_o \\ W_h & O & U_h & b_f \end{pmatrix} \begin{pmatrix} x(t) \\ h(t-1) \\ r(t) \odot h(t-1) \\ 1 \end{pmatrix} \tag{5.97}$$

因此可以用与 LSTM 几乎相同的方法求出各参数的梯度。从表达式中也可以看出，GRU 有 9 个参数，所以比 LSTM 的计算量要小。

5.3.2　实现

GRU 的实现也很简单，因为 TensorFlow 和 Keras 都提供了相关的 API。使用 TensorFlow 时，要像下面这行代码这样，把 `LSTMCell()` 等替换为 `GRUCell()`。

```
cell = tf.contrib.rnn.GRUCell(n_hidden)
```

而使用 Keras 库开发时要用它提供的 `GRU()`。

```
from keras.layers.recurrent import GRU

model.add(GRU(n_hidden,
              kernel_initializer=weight_variable,
              input_shape=(maxlen, n_in)))
```

使用 GRU 预测和生成的 sin 波如图 5.18 所示。

另外，用 GRU 方法解决 Adding Problem 问题的结果如图 5.19 所示，可以看出 GRU 和 LSTM 一样，也可以训练长期依赖信息。虽然和 LSTM 相比，GRU 以更少的迭代进行了训练，但需要注意的是这只能说明在这个玩具问题上 GRU 取得了较好的结果而已。

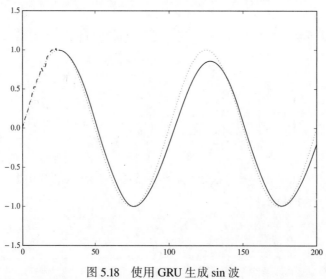

图 5.18　使用 GRU 生成 sin 波

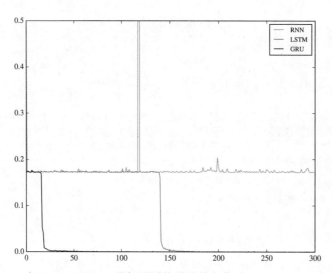

图 5.19　对 Adding Problem 进行预测的误差的变化（RNN、LSTM 和 GRU）

5.4 小结

　　在本章我们学习了循环神经网络中用于处理时间序列数据模型的算法。通过对过去隐藏层的状态递归地进行反馈，就能够训练时间序列的依赖性。同时，误差也需要回溯到前面的时间进行反向传播，这种方法叫作基于时间的反向传播算法。可是，如果只使用普通的神经元构建隐藏层，就会出现无法训练长期依赖信息的问题，而 LSTM 和 GRU 通过引入记忆单元和门等结构解决了这个问题。

　　下一章我们将学习基于 LSTM 和 GRU 的更加复杂的模型。有关时间序列数据处理的研究正处于一个非常活跃的时期，现在已经出现了各种各样的应用模型。

参考文献

[1] S. Hochreiter, J. Schmidhuber. Long short-term memory [J]. Neural Computation, 1997, 9(8): 1735-1780.

[2] F. A. Gers, J. Schmidhuber, F. Cummins. Learning to forget: Continual prediction with LSTM [J]. Neural Computation, 2000, 12(10): 2451-2471.

[3] F. A. Gers, J. Schmidhuber. Recurrent nets that time and count [J]. Neural Networks, 2000. IJCNN 2000, Proceedings of the IEEE-INNS-ENNS International Joint Conference on, 2000, 3: 189-194.

[4] Q. V. Le, N. Jaitly, G. E. Hinton. A simple way to initialize recurrent networks of rectified linear units [J]. arXiv:1504.00941, 2015.

[5] K. Cho, B. Merrienboer, C. Gulcehre, et al. Learning phrase representations using rnn encoder-decoder for statistical machine translation [J]. Proceedings of the Empiricial Methods in Natural Language Processing (EMNLP 2014), 2014.

第6章

循环神经网络的应用

本章我们将继续学习循环神经网络的算法。上一章学习的 LSTM 和 GRU 都是通过把隐藏层的神经元替换为块来更有效地训练时间序列数据，而本章要学习的算法则能够根据对时间序列数据的分析，在恰当的时机调整网络的整体结构。具体来说我们将学到以下 4 种模型。

- 6.1　双向循环神经网络（Bidirectional RNN）
- 6.2　循环神经网络编码器 – 解码器（RNN Encoder-Decoder）
- 6.3　注意力（Attention）
- 6.4　记忆网络（Memory Network）

这些都是为了解决分析时间序列数据时会遇到的问题而提出的方法。下面就让我们来详细地了解它们。

6.1　双向循环神经网络

6.1.1　未来的隐藏层

前面我们学习的循环神经网络都是从时刻 $t-1$ 向时刻 t 传播隐藏层的状态，即以从过去到未来的单向流动为前提的模型。它们能根据"到现在为止的状态"对现在还无法观测的未来进行预测，这非常符合现实生活中的各种需求。不过在有些情况下，比如想要对现有的时间序列数据进行分类时，我们需要在清楚从过去到未来（现在）所有数据的状态下建立模型。对于这类情况，比起单向考虑从过去到未来的时间序列的依赖关系，还是双向考虑，也就是再考虑从未来到过去的做法精度更高。基于这个思路而出现的模型就是**双向循环神经网络**（以下简称 **BiRNN**）。

正如"双向"一词所示，BiRNN 会用"从过去到未来"和"从未来到过去"两个方向的时间轴传播隐藏层的状态。为了实现双向传播，普通的隐藏层的结构需要稍作修改。图 6.1 是 BiRNN 的概要图，从中可以看到两种隐藏层，一种用来反映过去的状态，另一种用来反映未来的状态。

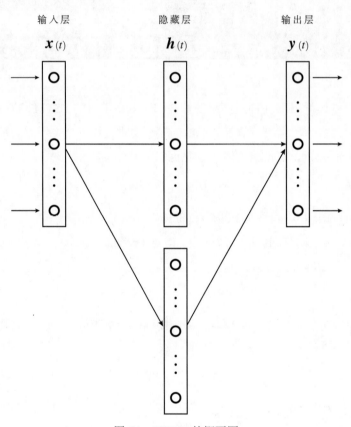

图 6.1　BiRNN 的概要图

6.1.2　前向、后向传播

有了两种隐藏层后，该如何使用双向的时间轴来传播状态呢？为了便于理解，我们通过图示来比较 BiRNN 与前面学习的循环神经网络的模型。按时刻 $t-1$、t 和 $t+1$ 这三步将模型从输入到输出的过程沿时间轴展开时，如果只考虑过去的状态，模型将如图 6.2 所示。上一步中过去的隐藏层的值将分别传播到下一步。这里是用 LSTM（以及 GRU）算法将隐藏层内的各神经元替换为 LSTM 块的。

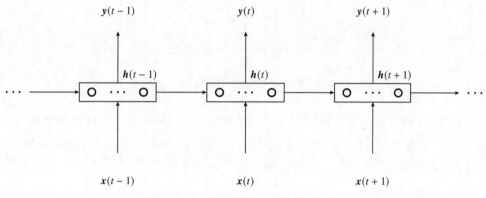

图 6.2　沿时间轴展开的循环神经网络

但 BiRNN 是对过去和未来的隐藏层的状态都可以递归进行反馈的模型，所以可以用图 6.3 来表示。图中的 $\overrightarrow{\boldsymbol{h}}(t)$ 和 $\overleftarrow{\boldsymbol{h}}(t)$ 将在后面予以说明，我们先来看看模型的形状。这个模型虽然看上去有些复杂，但其实只是将图 6.1 沿着时刻 $t-1$、t 和 $t+1$ 展开了而已。将两种隐藏层分开来看就可以发现，BiRNN 在"从输入层接收值、向输出层传播值"这一点上与普通的神经网络没有区别。其特征在于各隐藏层是从同一个隐藏层的过去或未来接收值。"用于过去"的隐藏层和"用于未来"的隐藏层之间没有联系，完全可以分开考虑。从时间的流向来看，前者是从过去到未来前向传播值，而后者是从未来到过去后向传播值。为了方便理解，这里我们分别把它们称为"前向层"和"后向层"。

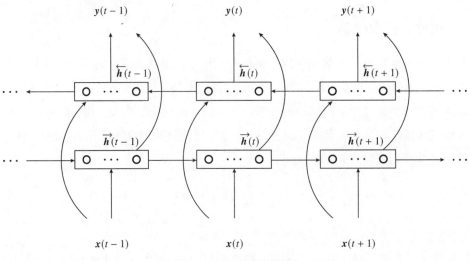

图 6.3　BiRNN 的展开图

　　由于时刻 t 的前向层和后向层的值可以分开考虑，所以将两个值按箭头的方向区分，分别表示为 $\overrightarrow{\boldsymbol{h}}(t)$ 和 $\overleftarrow{\boldsymbol{h}}(t)$。这样一来，它们的正向传播就和式 (5.4) 所表示的普通循环神经网络的正向传播没有区别了，因此可如下表示。

$$\overrightarrow{\boldsymbol{h}}(t) = f\left(\overrightarrow{\boldsymbol{U}}\boldsymbol{x}(t) + \overrightarrow{\boldsymbol{W}}\boldsymbol{h}(t-1) + \overrightarrow{\boldsymbol{b}}\right) \tag{6.1}$$

$$\overleftarrow{\boldsymbol{h}}(t) = f\left(\overleftarrow{\boldsymbol{U}}\boldsymbol{x}(t) + \overleftarrow{\boldsymbol{W}}\boldsymbol{h}(t+1) + \overleftarrow{\boldsymbol{b}}\right) \tag{6.2}$$

于是，将 $\overrightarrow{\boldsymbol{h}}(t)$ 和 $\overleftarrow{\boldsymbol{h}}(t)$ 组合到一起即可得到隐藏层（整体）的值 $\boldsymbol{h}(t)$[1]，

$$\boldsymbol{h}(t) = \begin{pmatrix} \overrightarrow{\boldsymbol{h}}(t) \\ \hdashline \overleftarrow{\boldsymbol{h}}(t) \end{pmatrix} \tag{6.3}$$

输出也与之前一样。

$$\boldsymbol{y}(t) = \boldsymbol{V}\boldsymbol{h}(t) + \boldsymbol{c} \tag{6.4}$$

前向层的反向传播已经在上一章学习过了，而后向层的反向传播也只是把出现 $t-1$ 的地方换成 $t+1$ 而已，表达式的展开基本相同。BiRNN 的模型虽然结构看起来复杂，但是用表达式表示起来还是非常简单的。

▶1　也有让 $\boldsymbol{h}(t) = \overrightarrow{\boldsymbol{h}}(t) + \overleftarrow{\boldsymbol{h}}(t)$ 的情况，不过像本文中那样把向量组合到一起的形式更常见。

6.1.3　MNIST 的预测

下面来做一个有趣的实验，看看能否通过用于时间序列数据分析的循环神经网络（即 BiRNN）进行图像识别。因为图像数据是由像素的 RGB 值或灰度值的排列组合而成的，所以各像素的值的顺序（时间序列）确实具有实际意义。因此，只要在数据形式上下点功夫，应该就能够对数据进行分类了。这里我们使用之前实验时也用过的 MNIST 数据，通过 BiRNN 对图像进行预测。

6.1.3.1　转换为时间序列数据

MNIST 中的数据都是 $28 \times 28 = 784$ 像素的图像，如果把它看作时间序列，那么各张图像就可以看作时长为 28 的数据。看一下图 6.4 也许更好理解。这张 $[x_n(1), \cdots, x_n(t), \cdots, x_n(28)]$ 是 70 000 张图片中的 1 张，$x_n(t) \in \mathbf{R}^{28}$ 分别对应着图 6.4 的各行。

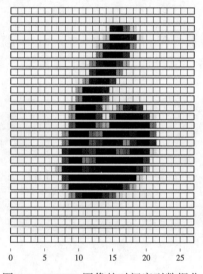

图 6.4　MNIST 图像的时间序列数据化

实现上没有什么需要特别考虑的。我们之前在处理普通的神经网络时做了以下（简单的）正则化处理，

```
X = mnist.data[indices]
X = X / 255.0
X = X - X.mean(axis=1).reshape(len(X), 1)
```

这次要在此基础上，增加以下处理。

```
X = X.reshape(len(X), 28, 28) # 转换为时间序列数据
```

这样，训练数据就变为（全体数据的时长为 28、输入维度为 28 的）时间序列数据了。

6.1.3.2　使用 TensorFlow 的实现

　　下面使用已转换为时间序列的 MNIST 数据，通过 BiRNN 进行预测。首先如下定义模型的各个维度。

```
n_in = 28
n_time = 28
n_hidden = 128
n_out = 10
```

这里的 n_time 是各数据的时长。现在隐藏层的维度 n_hidden 是 128，不过换成其他数字也没关系。相应地，对应输入和输出的 placeholder 如下所示。

```
x = tf.placeholder(tf.float32, shape=[None, n_time, n_in])
t = tf.placeholder(tf.float32, shape=[None, n_out])
```

构建模型的整体流程与之前一样。接着来实现 inference()、loss() 和 training()。

```
y = inference(x, n_in=n_in, n_time=n_time, n_hidden=n_hidden, n_out=n_out)
loss = loss(y, t)
train_step = training(loss)
```

在 inference() 中需要实现 BiRNN 的模型部分。TensorFlow 提供了相关的 API，可以通过 tensorflow.contrib.rnn.static_bidirectional_rnn() 调用。本次将事先进行如下引入，

```
from tensorflow.contrib import rnn
```

这样就可以通过 rnn.* 调用全部 API 了。

　　正如前面所说，BiRNN 的隐藏层有两个，我们需要分别定义相应的层。下面就是它们

的定义，前向层为 cell_forward，后向层为 cell_backward。

```
cell_forward = rnn.BasicLSTMCell(n_hidden, forget_bias=1.0)
cell_backward = rnn.BasicLSTMCell(n_hidden, forget_bias=1.0)
```

虽然这里用的是 BasicLSTMCell()，不过使用 GRUCell() 等方法也没问题。执行以下代码可以得到 BiRNN（的隐藏层）的输出。

```
outputs, _, _ = \
    rnn.static_bidirectional_rnn(cell_forward, cell_backward, x,
                                 dtype=tf.float32)
```

将这里得到的最后的输出作为模型整体的输出即可，代码如下所示。

```
W = weight_variable([n_hidden * 2, n_out])
b = bias_variable([n_out])
y = tf.nn.softmax(tf.matmul(outputs[-1], W) + b)
```

请注意权重的维度不是 n_hidden，而是 n_hidden * 2。

至于 loss() 和 training() 的实现，使用和之前完全相同的方法也没有问题。

```
def loss(y, t):
    cross_entropy = \
        tf.reduce_mean(-tf.reduce_sum(
                        t * tf.log(tf.clip_by_value(y, 1e-10, 1.0)),
                        reduction_indices=[1]))
    return cross_entropy

def training(loss):
    optimizer = \
        tf.train.AdamOptimizer(learning_rate=0.001, beta1=0.9, beta2=0.999)
    train_step = optimizer.minimize(loss)
    return train_step
```

我们使用上面这些代码来进行训练，然后使用下列代码来评估模型对验证数据的误差和预测精度。

```
epochs = 300
batch_size = 250

init = tf.global_variables_initializer()
sess = tf.Session()
sess.run(init)

n_batches = N_train // batch_size

for epoch in range(epochs):
    X_, Y_ = shuffle(X_train, Y_train)

    for i in range(n_batches):
        start = i * batch_size
        end = start + batch_size

        sess.run(train_step, feed_dict={
            x: X_[start:end],
            t: Y_[start:end]
        })

    val_loss = loss.eval(session=sess, feed_dict={
        x: X_validation,
        t: Y_validation
    })
    val_acc = accuracy.eval(session=sess, feed_dict={
        x: X_validation,
        t: Y_validation
    })

    history['val_loss'].append(val_loss)
    history['val_acc'].append(val_acc)

    print('epoch:', epoch,
            ' validation loss:', val_loss,
            ' validation accuracy:', val_acc)

    if early_stopping.validate(val_loss):
        break
```

结果，对于验证数据，我们得到了如图 6.5 所示的预测精度和误差的变化情况。从图中可以看出训练的效果不错。"将图像看作时间序列数据"的做法并不一定是最好的图像分析方法，但可以作为一种解决方案记在脑海里 [2]。

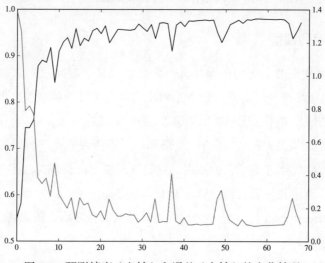

图 6.5 预测精度（左轴）和误差（右轴）的变化情况

6.1.3.3 使用 Keras 的实现

Keras 以 API 的形式在 `keras.layers.wrappers` 中提供了 `Bidirectional()`。使用它来实现模型设置部分时的代码如下所示。

```python
from keras.layers.wrappers import Bidirectional

model = Sequential()
model.add(Bidirectional(LSTM(n_hidden),
                        input_shape=(n_time, n_in)))
model.add(Dense(n_out, init=weight_variable))
model.add(Activation('softmax'))

model.compile(loss='categorical_crossentropy',
              optimizer=Adam(lr=0.001, beta_1=0.9, beta_2=0.999),
              metrics=['accuracy'])
```

使用 Keras 时，只用 `Bidirectional(LSTM())` 就可以支持 BiRNN，所以实现起来很轻松。

---

[2] 一般常用**卷积神经网络**（convolutional neural network）进行图像分析，不过本书中未涉及此内容。

循环神经网络编码器 – 解码器

6.2.1　序列到序列模型

处理时间序列数据时，它们的顺序具有重要的意义。时间序列数据的排列称为**序列**（sequence）。虽然循环神经网络是可以将序列作为输入来处理的模型，但就前面接触到的例子来看，模型的输出并不是序列。比如第 5 章中 sin 波的例子，一定时间范围内的 sin 波这个输出，严谨地说只是 $t+1$ 的预测的重复而已，不能说它是序列。如果要处理在输入和输出都是序列的情况下才有意义的数据，我们就需要考虑其他模型了。这类数据的典型示例有自动应答、英语到法语的翻译等。输入和输出都是序列的模型叫作**序列到序列模型**（Sequence-to-Sequence model）。这是神经网络之外的领域也在研究的课题，而课题的核心就是研究如何处理序列。

应用循环神经网络就可以构建这个序列到序列模型，构建方法叫作**循环神经网络编码器 – 解码器**（以下简称 **RNN 编码器 – 解码器**），介绍这个方法的文献 [1] 和文献 [2] 比较有名。图 6.6 是该模型的概要图。图中的输入是 A、B、C 和 <EOS> 这样的序列，输出是 W、X、Y、Z 和 <EOS> 这样的序列。输入 / 输出中都包含的 <EOS> 是 End-of-Sequence 的缩写，正如名称所示，它代表着序列的界限。

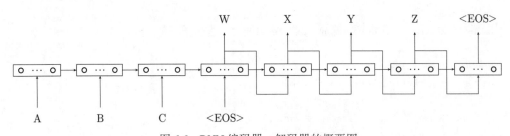

图 6.6　RNN 编码器 – 解码器的概要图

顾名思义，模型大体上由编码器（encoder）和解码器（decoder）两个循环神经网络组合而成。编码器和解码器分别用于处理输入数据和输出数据。也就是说，在图 6.6 中接收 ABC<EOS> 的是编码器，输出 WXYZ<EOS> 的是解码器。需要注意的是，解码器会将自身的输出作为下一阶段的输入进行接收。

接着我们来考虑模型的一般化。设输入序列为 $(x(1), \cdots, x(T))$，输出序列为 $(y(1), \cdots, y(T'))$。输入和输出的序列长并不一定相同，所以需要注意不满足 $T = T'$ 的情况。设此时要求的值

为条件概率 $p(\boldsymbol{y}(1),\cdots,\boldsymbol{y}(T') \mid \boldsymbol{x}(1),\cdots,\boldsymbol{x}(T))$。首先将输入序列依次传给编码器。编码器没有什么特别的地方，它的隐藏层与普通循环神经网络的一样。

$$\boldsymbol{h}_{enc}(t) = f(\boldsymbol{h}_{enc}(t-1),\boldsymbol{x}(t)) \tag{6.5}$$

$f(\cdot)$ 在普通模型中代表的是 sigmoid 函数，而在这里它一般代表的是（相当于）LSTM 或 GRU 的函数。当该隐藏层收到最后的输入时，输入数据的时间序列信息将在此汇总，所以输入序列 $(\boldsymbol{x}(1),\cdots,\boldsymbol{x}(T))$ 会由编码器汇总为一个固定长度的向量 $\boldsymbol{c}$。

而解码器接收的是前面的输出，所以在输入是序列这一点上和编码器相同，但由于由编码器生成的 $\boldsymbol{c}$ 是解码器的隐藏层的初始状态，所以隐藏层的表达式如下所示。

$$\boldsymbol{h}_{dec}(t) = f(\boldsymbol{h}_{dec}(t-1),\boldsymbol{y}(t-1),\boldsymbol{c}) \tag{6.6}$$

通过这些信息，模型整体的输出可以表示如下。

$$p(\boldsymbol{y}(t) \mid \boldsymbol{y}(1),\cdots,\boldsymbol{y}(t-1),\boldsymbol{c}) = g(\boldsymbol{h}_{dec}(t),\boldsymbol{y}(t-1),\boldsymbol{c}) \tag{6.7}$$

这里的 $g(\cdot)$ 是输出概率的函数，一般使用 softmax 函数。当收到输入序列时，得到输出序列的概率如下所示。

$$p(\boldsymbol{y}(1),\cdots,\boldsymbol{y}(T') \mid \boldsymbol{x}(1),\cdots,\boldsymbol{x}(T)) = \prod_{t=1}^{T'} p(\boldsymbol{y}(t) \mid \boldsymbol{y}(1),\cdots,\boldsymbol{y}(t-1),\boldsymbol{c}) \tag{6.8}$$

因此，当 N 个输入 / 输出的序列作为一个数据集时，若将数据表示为 $\boldsymbol{x}_n := [\boldsymbol{x}_n(1),\cdots,\boldsymbol{x}_n(T)]$ 以及 $\boldsymbol{y}_n := [\boldsymbol{y}_n(1),\cdots,\boldsymbol{y}_n(T')]$，那么使得模型最优的参数群 θ 的表达式如下所示。

$$L_\theta := \max_\theta \frac{1}{N} \sum_{n=1}^{N} \log p_\theta(\boldsymbol{y}_n \mid \boldsymbol{x}_n) \tag{6.9}$$

通过式 (6.8) 我们可以知道，这里计算对数是为了让概率的积变为和的形式。虽然这与我们之前学习的神经网络模型的表达式不同，但各个输出都是由 softmax 函数来表示的，因此考虑交叉熵误差函数即可。

6.2.2　简单的问答系统

6.2.2.1　设置问题——加法的训练

序列到序列模型的性质使它经常被应用在解决输入 / 输出都是文章的问题上。比如回答被提问的问题时，输入（问题）和输出（回答）就都是文章。如果你打算开发一个由人类提问、由机器回答的类似于聊天机器人的应用接口，那么你就不得不考虑如何才能让机器回答得更自然。这种让机器处理人类语言的尝试称为**自然语言处理**（natural language processing）。这是一个很大的研究领域，长期以来除了神经网络以外，还提出了很多解决问题的算法。

本节我们就来考虑一个简单的问题应答场景，即"回答加法计算"的模型[▶3]。以下就是应答的一个例子。

```
Q:    24+654
A:    678
```

输入序列是 24+654，输出序列是 678。当然，如果是程序，就会事先知道这是一个数字和"+"的处理，可以直接计算并返回正确结果。不过这次我们的目的是在事先完全不提供任何信息的情况下训练机器对数字和符号的处理，看它能否回答加法问题。如果能回答，就说明机器能够理解数字和符号的意思。虽然数字的位数没有限制，但为简单起见，这里将问题限制在 3 位数以内的加法（包括"+"在内，输入字符的最大长度为 7）。

6.2.2.2　数据的准备

下面来看具体的实现。首先如下定义生成（最多）3 位数的函数。

```python
def n(digits=3):
    number = ''
    for i in range(np.random.randint(1, digits + 1)):
        number += np.random.choice(list('0123456789'))
    return int(number)
```

如果只是简单地生成加法问题，那么只需使用这个 n() 函数，如下编写代码即可。

```python
a, b = n(), n()
question = '{}+{}'.format(a, b) # 例子：12+345
```

但假如考虑的是自然语言处理的模型，还需要再下点功夫。对于这个问题，具体来说还要做以下 2 个处理。

[▶3]　这也是一个玩具问题，文献 [3] 的评估实验对它进行了详细的考察。

- 独热编码
- 填充（padding）

第 1 个指的是将字符串转换为 1-of-K 形式的处理。由于神经网络需要把所有的数据都转换为数字再进行处理，所以文字也必须全部数字化。这次的问题涉及的文字中大部分是数字，不过考虑到 "+" 是文字，再加上将来处理其他文字时的扩展性，我们把所有的文字都通过 1-of-K 的形式进行向量化。以下就是文字向量化的示例。

$$\text{"1"} \rightarrow (1\,0\,0\,\cdots0)^{\mathrm{T}}$$
$$\text{"2"} \rightarrow (0\,2\,0\,\cdots0)^{\mathrm{T}}$$

向量的维度就是训练要用到的文字的种类数，这里不光有 0 ~ 9 的数字和 "+" 在内的 11 个文字，还有空格 "␣"，一共是 12 个文字。要使用这个空白文字的就是第 2 个处理——填充。

虽然理论上 RNN 编码器 – 解码器可以处理可变长度的输入和输出，但实际去实现时，对可变长度的向量（数组）的处理会使程序变得复杂。于是，为了让各向量的长度表面上相同，需要先用文字 "填充" 好，再将其用作模型的输入和输出。比如这次的问题，如果是 123+456 这种 3 位数字之间的加法就没有问题，但如果是 12+34 这样的计算，就需要根据最长的 7 个文字在最后补足 2 个空格 ▶4，使它变成 12+34␣␣ 之后再转换为 1-of-K 的形式。同样地，输出为 500+500 以上的值时文字长度为 4，所以也要相应对文字长度不足 4 的输出进行填充，使输出的位数全部相同。实现了填充的代码如下所示。

```
def padding(chars, maxlen):
    return chars + ' ' * (maxlen - len(chars))
```

刚才的 question 的代码加入填充处理后，将如下所示。

```
input_digits = digits * 2 + 1

question = '{}+{}'.format(a, b)
question = padding(question, input_digits)
```

▶4 虽然这里是在字符串的最后加空格，但有时也会在字符串的最前面加空格。

然后，成对生成问题和回答的整体代码如下所示。

```python
digits = 3 # 最大位数
input_digits = digits * 2 + 1 # 例子：123+456
output_digits = digits + 1 # 500+500 = 1000 以上时位数变为 4

added = set()
questions = []
answers = []

while len(questions) < N:
    a, b = n(), n() # 随机生成 2 个数

    pair = tuple(sorted((a, b)))
    if pair in added:
        continue

    question = '{}+{}'.format(a, b)
    question = padding(question, input_digits) # 填充不足的位
    answer = str(a + b)
    answer = padding(answer, output_digits) # 填充不足的位

    added.add(pair)
    questions.append(question)
    answers.append(answer)
```

本次的全部数据数量 N 为 20 000。我们要对这些数据进行独热编码。首先定义每个文字对应的向量的维度。

```python
chars = '0123456789+ '
char_indices = dict((c, i) for i, c in enumerate(chars))
indices_char = dict((i, c) for i, c in enumerate(chars))
```

char_indices 表示从文字到向量维度的对应关系，而 indices_char 表示从向量维度到文字的对应关系。使用它们，就可以像下面这样定义实际传给模型的数据。

```python
X = np.zeros((len(questions), input_digits, len(chars)), dtype=np.integer)
Y = np.zeros((len(questions), digits + 1, len(chars)), dtype=np.integer)

for i in range(N):
```

```
    for t, char in enumerate(questions[i]):
        X[i, t, char_indices[char]] = 1
    for t, char in enumerate(answers[i]):
        Y[i, t, char_indices[char]] = 1

X_train, X_validation, Y_train, Y_validation = \
    train_test_split(X, Y, train_size=N_train)
```

6.2.2.3　使用 TensorFlow 的实现

接下来需要考虑的是 RNN 编码器 – 解码器的具体实现。首先是 inference() 的内部实现。这次编码器和解码器都使用 LSTM。这样一来，编码器的实现就与普通 LSTM 的做法相同，代码如下所示。

```
def inference(x, n_batch, input_digits=None, n_hidden=None):
    # Encoder
    encoder = rnn.BasicLSTMCell(n_hidden, forget_bias=1.0)
    state = encoder.zero_state(n_batch, tf.float32)
    encoder_outputs = []
    encoder_states = []

    with tf.variable_scope('Encoder'):
        for t in range(input_digits):
            if t > 0:
                tf.get_variable_scope().reuse_variables()
            (output, state) = encoder(x[:, t, :], state)
            encoder_outputs.append(output)
            encoder_states.append(state)
```

而解码器的 LSTM 的初始状态相当于编码器的最终状态，所以需要先进行如下定义。

```
def inference(x, y, n_batch, input_digits=None, n_hidden=None):
    # Encoder
    # ...
    # Decoder
    decoder = rnn.BasicLSTMCell(n_hidden, forget_bias=1.0)
    state = encoder_states[-1]
    decoder_outputs = [encoder_outputs[-1]]
```

此外，解码器的输入是前一阶段的输出，因此可以将每个阶段的状态表示如下。

```python
def inference(x, y, n_batch,
              input_digits=None, output_digits=None, n_hidden=None):
    # ...
    with tf.variable_scope('Decoder'):
        for t in range(1, output_digits):
            if t > 1:
                tf.get_variable_scope().reuse_variables()
            (output, state) = decoder(y[:, t-1, :], state)
            decoder_outputs.append(output)
```

代码中的 decoder_outputs 记录了每个阶段的 LSTM 的输出，如果想获取模型的输出序列，就需要对 decoder_outputs 中的各元素进行激活处理。模型最终的输出如下所示。

```python
def inference(x, y, n_batch,
              input_digits=None, output_digits=None,
              n_hidden=None, n_out=None):
    # ...
    V = weight_variable([n_hidden, n_out])
    c = bias_variable([n_out])

    output = tf.reshape(tf.concat(decoder_outputs, axis=1),
                        [-1, output_digits, n_hidden])
    linear = tf.einsum('ijk,kl->ijl', output, V) + c
    return tf.nn.softmax(linear)
```

output = tf.reshape(...) 的部分是将 decoder_outputs 转换为（数据数量，序列长度，隐藏层的维度）的处理。tf.einsum() 可以指定进行 tf.matmul() 处理的元素[5]。如果 output 和前面学习的模型一样呈（数据数量，隐藏层的维度）的形式，那么使用 tf.matmul() 就可以，但这次我们不得不考虑它与三阶张量的积。因此，要通过 tf.einsum('ijk,kl->ijl') 来指定"在计算时保留 j 所代表的序列长度"[6]。由于这是线性激活的处理，所以在最后进行 tf.nn.

▶5　严谨地说，tf.einsum() 表示的是**爱因斯坦求和约定**（Einstein summation convention），它不仅可以用于 tf.matmul()，还可用于表示转置 tf.transpose() 以及对角线元素之和 tf.trace() 等各种张量的计算。

▶6　由于 tf.matmul() 会进行广播操作，所以实际上这里用 tf.matmul(output, V) + c 也可以得到相同结果。不过在三阶以上的张量计算中，使用 tf.einsum() 更有助于理解实现和表达式的对应关系，所以这里使用了 tf.einsum()。

softmax() 即可预测模型的输出序列。

loss() 和 training() 的代码与之前的相同。

```python
def loss(y, t):
    cross_entropy = \
        tf.reduce_mean(-tf.reduce_sum(
                        t * tf.log(tf.clip_by_value(y, 1e-10, 1.0)),
                        reduction_indices=[1]))
    return cross_entropy

def training(loss):
    optimizer = \
        tf.train.AdamOptimizer(learning_rate=0.001, beta1=0.9, beta2=0.999)
    train_step = optimizer.minimize(loss)
    return train_step
```

对 accuracy() 的实现需要稍加注意。之前的代码是这样的,

```python
def accuracy(y, t):
    correct_prediction = tf.equal(tf.argmax(y, 1), tf.argmax(t, 1))
    accuracy = tf.reduce_mean(tf.cast(correct_prediction, tf.float32))
    return accuracy
```

但这次 y 和 t 都增加了序列长度的维度,所以需要像下面这样在 tf.argmax() 处修改 axis。

```python
correct_prediction = tf.equal(tf.argmax(y, -1), tf.argmax(t, -1))
```

接下来就和以前一样,分别进行下列定义。

```python
n_in = len(chars)  # 12
n_hidden = 128
n_out = len(chars)  # 12

x = tf.placeholder(tf.float32, shape=[None, input_digits, n_in])
t = tf.placeholder(tf.float32, shape=[None, output_digits, n_out])
n_batch = tf.placeholder(tf.int32)

y = inference(x, t, n_batch,
```

```
                input_digits=input_digits,
                output_digits=output_digits,
                n_hidden=n_hidden, n_out=n_out)
loss = loss(y, t)
train_step = training(loss)

acc = accuracy(y, t)
```

然后再执行以下代码就可以进行训练了。

```
for epoch in range(epochs):
    X_, Y_ = shuffle(X_train, Y_train)

    for i in range(n_batches):
        start = i * batch_size
        end = start + batch_size

        sess.run(train_step, feed_dict={
            x: X_[start:end],
            t: Y_[start:end],
            n_batch: batch_size
        })
```

但是，实际在使用验证数据测定预测精度或用未知数据进行预测时，用现在的代码还存在
问题。求解码器各阶段的输出的代码如下所示。

```
(output, state) = decoder(y[:, t-1, :], state)
```

这里的 y[:, t-1, :] 只使用了正确答案的一部分，所以需要把验证数据和未知数据替换为
真正的模型的输出。也就是说，在训练之外，还要进行以下处理。

```
linear = tf.matmul(decoder_outputs[-1], V) + c
out = tf.nn.softmax(linear)
out = tf.one_hot(tf.argmax(out, -1), depth=output_digits)

(output, state) = decoder(out, state)
```

汇总上述代码可以得到解码器进行处理的代码，如下所示。

```python
def inference(x, y, n_batch, is_training,
              input_digits=None, output_digits=None,
              n_hidden=None, n_out=None):
    # ...
    # Decoder
    decoder = rnn.BasicLSTMCell(n_hidden, forget_bias=1.0)
    state = encoder_states[-1]
    decoder_outputs = [encoder_outputs[-1]]

    # 事先定义输出层的权重和偏置
    V = weight_variable([n_hidden, n_out])
    c = bias_variable([n_out])
    outputs = []

    with tf.variable_scope('Decoder'):
        for t in range(1, output_digits):
            if t > 1:
                tf.get_variable_scope().reuse_variables()

            if is_training is True:
                (output, state) = decoder(y[:, t-1, :], state)
            else:
                # 使用前一个输出作为输入
                linear = tf.matmul(decoder_outputs[-1], V) + c
                out = tf.nn.softmax(linear)
                outputs.append(out)
                out = tf.one_hot(tf.argmax(out, -1), depth=output_digits)
                (output, state) = decoder(out, state)

            decoder_outputs.append(output)
```

另外，用来表示模型整体输出的代码虽然可以沿用之前的，但由于除训练之外我们已经在每个阶段都进行了 softmax 函数的计算，所以这里也最好进行如下的判断，避免重复计算。

```python
def inference(x, y, n_batch, is_training,
              input_digits=None, output_digits=None,
              n_hidden=None, n_out=None):
    # ...
    if is_training is True:
        output = tf.reshape(tf.concat(decoder_outputs, axis=1),
```

```
                                    [-1, output_digits, n_hidden])

        linear = tf.einsum('ijk,kl->ijl', output, V) + c
        return tf.nn.softmax(linear)
    else:
        # 求最后的输出
        linear = tf.matmul(decoder_outputs[-1], V) + c
        out = tf.nn.softmax(linear)
        outputs.append(out)

        output = tf.reshape(tf.concat(outputs, axis=1),
                            [-1, output_digits, n_out])
        return output
```

这样一来，训练之外的情况就也考虑到了，模型的实现[7]也完成了。

于是，最终的设置模型的代码如下所示。

```
x = tf.placeholder(tf.float32, shape=[None, input_digits, n_in])
t = tf.placeholder(tf.float32, shape=[None, output_digits, n_out])
n_batch = tf.placeholder(tf.int32)
is_training = tf.placeholder(tf.bool)

y = inference(x, t, n_batch, is_training,
              input_digits=input_digits,
              output_digits=output_digits,
              n_hidden=n_hidden, n_out=n_out)
# ...
```

训练模型的代码如下所示。

```
for epoch in range(epochs):
    X_, Y_ = shuffle(X_train, Y_train)

    for i in range(n_batches):
        start = i * batch_size
        end = start + batch_size
```

▶7　虽然 TensorFlow 在版本 1.0 中提供了 tf.contrib.legacy_seq2seq() 的 API，不过正像它名字中的 legacy 所示，它将在版本 1.1 中被废除，所以这里没有使用。

```
        sess.run(train_step, feed_dict={
            x: X_[start:end],
            t: Y_[start:end],
            n_batch: batch_size,
            is_training: True
        })

    val_loss = loss.eval(session=sess, feed_dict={
        x: X_validation,
        t: Y_validation,
        n_batch: N_validation,
        is_training: False
    })
    val_acc = acc.eval(session=sess, feed_dict={
        x: X_validation,
        t: Y_validation,
        n_batch: N_validation,
        is_training: False
    })
```

虽然在 val_loss 和 val_acc 中出现了 Y_validation，但需要注意的是它只能用于 loss() 和 accuracy() 的计算，不能用在 inference() 中。根据以上内容进行实际地训练和预测后，我们得到了如图 6.7 所示的结果，可以看出模型已经学到了各文字的含义。

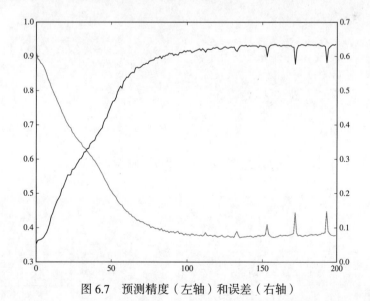

图 6.7　预测精度（左轴）和误差（右轴）

我们试着在每次迭代中，从验证数据随机选出 10 个问题，以 Q&A 的形式进行输出。用于输出的代码如下所示。

```python
for epoch in range(epochs):
    # 训练的代码
    # ...
    # 从验证数据中随机选择问题并予以回答
    for i in range(10):
        index = np.random.randint(0, N_validation)
        question = X_validation[np.array([index])]
        answer = Y_validation[np.array([index])]
        prediction = y.eval(session=sess, feed_dict={
            x: question,
            # t: answer,
            n_batch: 1,
            is_training: False
        })
        question = question.argmax(axis=-1)
        answer = answer.argmax(axis=-1)
        prediction = np.argmax(prediction, -1)

        q = ''.join(indices_char[i] for i in question[0])
        a = ''.join(indices_char[i] for i in answer[0])
        p = ''.join(indices_char[i] for i in prediction[0])

        print('-' * 10)
        print('Q:  ', q)
        print('A:  ', p)
        print('T/F:', end=' ')
        if a == p:
            print('T')
        else:
            print('F')
```

执行后发现，前 50 次迭代中的准确率还很低，错误很明显。

```
----------
Q:    1+773
A:    774
T/F: T
----------
Q:    430+16
A:    457
```

```
T/F: F
----------
Q:   8+665
A:   663
T/F: F
----------
Q:   6+944
A:   950
T/F: T
----------
Q:   34+13
A:   57
T/F: F
----------
Q:   70+75
A:   144
T/F: F
----------
Q:   952+966
A:   1849
T/F: F
----------
Q:   0+2
A:   2
T/F: T
----------
Q:   945+0
A:   946
T/F: F
----------
Q:   3+606
A:   609
T/F: T
----------
```

而当迭代次数达到 200 之后, 基本上能够毫无错误地进行加法运算了。

```
----------
Q:   871+1
A:   872
T/F: T
----------
Q:   91+323
A:   414
```

```
T/F: T
----------
Q:    891+51
A:    952
T/F: F
----------
Q:    52+354
A:    406
T/F: T
----------
Q:    9+276
A:    285
T/F: T
----------
Q:    640+74
A:    714
T/F: T
----------
Q:    592+7
A:    599
T/F: T
----------
Q:    6+820
A:    826
T/F: T
----------
Q:    35+90
A:    125
T/F: T
----------
Q:    24+654
A:    678
T/F: T
----------
```

6.2.2.4 使用 Keras 的实现

使用 TensorFlow 时我们用 `is_training` 来区分训练和测试（验证），然后分别进行处理，而使用 Keras 时用以前的代码即可实现 RNN 编码器 – 解码器 [8]。设置模型的代码如下所示。

```
model = Sequential()
```

---

[8] 在 Keras 的 GitHub 代码库中有一个相同的实现示例，请参考。
https://github.com/fchollet/keras/blob/master/examples/addition_rnn.py

```
# Encoder
model.add(LSTM(n_hidden, input_shape=(input_digits, n_in)))

# Decoder
model.add(RepeatVector(output_digits))
model.add(LSTM(n_hidden, return_sequences=True))

model.add(TimeDistributed(Dense(n_out)))
model.add(Activation('softmax'))
model.compile(loss='categorical_crossentropy',
              optimizer=Adam(lr=0.001, beta_1=0.9, beta_2=0.999),
              metrics=['accuracy'])
```

需要编写的代码只有这些。不过事先需要进行 `RepeatVector` 和 `TimeDistributed` 的导入，如下所示。

```
from keras.layers.core import RepeatVector
from keras.layers.wrappers import TimeDistributed
```

`RepeatVector(output_digits)` 用于将输入重复多次，重复次数为输出的最大序列长度，而 `TimeDistributed(Dense(n_out))` 则负责沿着时间序列对层进行连接的处理。在 TensorFlow 中输出的序列是用 `tf.concat()` 和 `tf.einsum()` 等实现的，而 Keras 提供的这些方法，可以让使用者基本上无须考虑序列的存在，即可定义其他层 ▶9。

6.3 注意力模型

6.3.1 时间的权重

上一节讲解的 RNN 解码器 – 编码器虽然是具备一定性能的模型，但仔细考虑就会发现其内部执行了一些无用的处理。从图 6.6 可以看出，输入序列所拥有的"上下文"信息全部汇总在编码器和解码器的边界部分，即（固定长度的）向量 *c* 中。但是，对于各个时刻来说，我们应该重视其过去的哪个时刻并不相同，所以完全没有必要将输入序列所拥有

▶9 严谨地说，理论上考虑的模型与本次使用 Keras 实现的模型在形式上有些不同。比如，使用 Keras 实现的模型中，每个阶段的编码器的输出都会成为解码器的输入。不过，想一想模型的组成我们就应该知道，尽管传播方式发生了改变，但使用 Keras 实现的模型对训练的进展并没有影响。

的信息都汇总在一个向量中。如果我们能够设置一个既考虑了时刻权重又能根据不同的时刻动态变化的向量，应该就能得到更好的模型。

　　基于这个思路得到的就是注意力模型。它本来是由文献 [4] 提出的 RNN 编码器 – 解码器的改进版[10]，之后又出现了一些保留了"考虑时间权重"这一共通原则的变体模型，并被应用到了 RNN 编码器 – 解码器之外的地方。我们先来看一下文献 [4] 中的模型。图 6.8 是该模型的概要图。

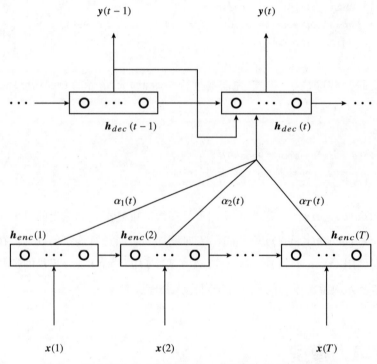

图 6.8　引入了注意力机制的 RNN 编码器 – 解码器概要图

　　接收输入序列的编码器与之前的结构相同[11]，而解码器却有所改变，开始在各时刻接收编码器的输出。我们从表达式层面具体地来看一下。原本，解码器的表达式和式 (6.6) 一样，如下所示。

$$\boldsymbol{h}_{dec}(t) = f(\boldsymbol{h}_{dec}(t-1), \boldsymbol{y}(t-1), \boldsymbol{c}) \tag{6.10}$$

▶10　参考文献 [4] 中并未使用"注意力"（attention）这一名称。

▶11　文献 [4] 为了提高精度，在编码器中使用了 BiRNN。

不过，引入注意力机制后，表达式中的 c 就变成了随时刻 t 变化的向量，即 $c = c(t)$，因此表达式变化如下。

$$h_{dec}(t) = f(h_{dec}(t-1), y(t-1), c(t)) \tag{6.11}$$

这里的 $c(t)$ 必须是考虑了时间权重的表达式，不过简单起见，也可以写成以下形式。

$$c(t) = \sum_{\tau=1}^{T} \alpha_\tau(t) h_{enc}(\tau) \tag{6.12}$$

这里的 $\alpha_\tau(t)$ 表示的是各编码器的值传到解码器的百分比（即权重）。$\alpha_\tau(t)$ 表示的是百分比，也就意味着它的和为 1，所以可用下面的 $w_\tau(t)$

$$w_\tau(t) := f(h_{dec}(t-1), h_{enc}(\tau)) \tag{6.13}$$

将其表示如下。

$$\alpha_\tau(t) = \frac{\exp(w_\tau(t))}{\displaystyle\sum_{\rho=1}^{T} \exp(w_\rho(t))} = \text{softmax}(w_\tau(t)) \tag{6.14}$$

这里的 $w_\tau(t)$ 表示的是应该进行最优化（正则化之前）的权重，设函数 f 的各输入 $h_{dec}(t-1)$、$h_{enc}(\tau)$ 以及整体的权重分别为 W_a、U_a 和 v_a，再将 $w_\tau(t)$ 定义如下，

$$w_\tau(t) = f(h_{dec}(t-1), h_{enc}(\tau)) \tag{6.15}$$

$$= v_a^{\mathrm{T}} \tanh(W_a h_{dec}(t-1) + U_a h_{enc}(\tau)) \tag{6.16}$$

这样就可以计算各表达式的梯度，也能和之前一样应用随机梯度下降法了。这个机制虽然叫作注意力，但它只是用表达式表示了如何将时间的权重反映到模型上这个想法而已。

6.3.2 LSTM 中的注意力机制

图 6.8 展示的模型通过修改网络各层之间的连接方式，将时间的权重反映到网络中，那么修改隐藏层内各单元的连接，是否也能建立同样的结构呢？比如考虑某个 LSTM 块的输出 $h(t)$，它的表达式是 $h(t) = f(h(t-1), x(t))$。仔细想想就会发现，该 LSTM 块和 RNN 编码器 – 解码器的形式相同，也是前一个时刻 $t-1$ 中包含了之前所有的时间序列信息。如果单元本身能够考虑时间的权重，那么就可以在许多模型中引入注意力机制了。实际上，这也可以采用之前在网络层之间引入注意力机制时的做法来实现，比如文献 [5] 就提出了

在（没有窥视孔连接的）LSTM 中引入注意力机制的模型。下面我们就来看一下如何修改传统的 LSTM。

如同我们在第 5 章探讨过的那样，设时刻 t 的 LSTM 的输入门、输出门、遗忘门以及输入激活后的值为 $i(t)$、$o(t)$、$f(t)$ 和 $a(t)$，将它们整合起来的表达式如下所示（简化写法）。

$$\begin{pmatrix} i(t) \\ o(t) \\ f(t) \\ a(t) \end{pmatrix} = \begin{bmatrix} \sigma \\ \sigma \\ \sigma \\ \tanh \end{bmatrix} \cdot \begin{pmatrix} W_i & U_i & b_i \\ W_o & U_o & b_o \\ W_f & U_f & b_f \\ W_a & U_a & b_a \end{pmatrix} \begin{pmatrix} x(t) \\ h(t-1) \\ 1 \end{pmatrix} \tag{6.17}$$

此外，CEC 的值 $c(t)$ 可以用这些值表示如下。

$$c(t) = i(t) \odot a(t) + f(t) \odot c(t-1) \tag{6.18}$$

我们需要把式 (6.17) 和式 (6.18) 中的 $h(t-1)$ 和 $c(t-1)$ 分别改为考虑了时间权重的项 $\tilde{h}(t)$ 和 $\tilde{c}(t)$。为了实现这一点，我们使用与式 (6.12) 同样的做法，简单地增加权重信息，然后像下面这样引入与过去的时间 τ 相应的权重比例 $\alpha_\tau(t)$ 即可。

$$\begin{pmatrix} \tilde{h}(t) \\ \tilde{c}(t) \end{pmatrix} = \sum_{\tau=1}^{t-1} \alpha_\tau(t) \begin{pmatrix} h(\tau) \\ c(\tau) \end{pmatrix} \tag{6.19}$$

这里的 $\alpha_\tau(t)$ 与式 (6.14) 相同，可如下表示。

$$\alpha_\tau(t) = \text{softmax}(w_\tau(t)) \tag{6.20}$$

而 $w_\tau(t)$ 这次需要依赖 $x(t)$、$\tilde{h}(t-1)$ 和 $h(\tau)$ 这 3 个值，所以它的表达式如下所示。

$$w_\tau(t) := g\left(x(t), \tilde{h}(t-1), h(\tau)\right) \tag{6.21}$$

$$= v^T \tanh\left(W_x x(t) + W_{\tilde{h}} \tilde{h}(t-1) + W_h h(\tau)\right) \tag{6.22}$$

进而得到以下表达式，

$$\begin{pmatrix} i(t) \\ o(t) \\ f(t) \\ a(t) \end{pmatrix} = \begin{bmatrix} \sigma \\ \sigma \\ \sigma \\ \tanh \end{bmatrix} \cdot \begin{pmatrix} W_i & U_i & b_i \\ W_o & U_o & b_o \\ W_f & U_f & b_f \\ W_a & U_a & b_a \end{pmatrix} \begin{pmatrix} x(t) \\ \tilde{h}(t) \\ 1 \end{pmatrix} \tag{6.23}$$

$$c(t) = i(t) \odot a(t) + f(t) \odot \tilde{c}(t) \tag{6.24}$$

这样就成功在 LSTM 中引入了注意力机制。

在 TensorFlow 中，这个结构被封装为了 `AttentionCellWrapper()`。比如在加法的训练

时，编码器可以如下实现。

```
encoder = rnn.BasicLSTMCell(n_hidden, forget_bias=1.0)
```

不过，如果再把它像下面这样用 `AttentionCellWrapper()` 围起来，

```
encoder = rnn.AttentionCellWrapper(encoder,
                                   input_digits,
                                   state_is_tuple=True)
```

就可以支持注意力模型了。解码器的处理与此相同。

6.4 记忆网络

6.4.1 记忆外部化

我们之前接触到的 LSTM 和 GRU 等循环神经网络的模型都是在单元内部保留时间序列信息，并基于这些信息来进行预测的。不过这些模型在训练（非常）耗时的算法时，要花费非常长的时间，而且由于过去的信息都汇总在一个向量中，所以存在无法有针对性地保留记忆的问题。在引入注意力等机制后，虽然模型能够学到与过去的哪些时间有关的信息，但依然存在随着参数数量的增加，训练的时间越来越长，所以最终能够记忆的时间长度依然有限的问题。

为了解决这个问题而出现的模型就是**记忆网络**（以下简称 **MemN**）。循环神经网络会在训练过程中将时间的依赖信息保存在网络内部，也就是说会在单元内部保存信息，因此它在训练结构上存在问题。而 MemN 则是通过将信息保存在外部存储来提高训练效率的做法。在外部存储保存信息的网络，最早由文献 [6] 和文献 [7] 提出。二者几乎发表于同一时期，由于应用的问题不同，所以提出的模型也有一些不同，但基本结构都可以用图 6.9 来表示。只要事先构建好外部存储，并对其进行恰当的读写，那么无论给予什么样的输入，模型都应该可以正确地输出。可以说 MemN 是训练如何对外部存储进行读写的方法。人在思考问题时，会根据事先存在脑内的记忆来求解，也许 MemN 比较接近人脑的形态。

MemN 在控制读写记忆的部分可以使用普通的前馈神经网络，与使用循环神经网络相比计算量大幅减少。虽然文献 [7] 中也提到过使用 LSTM 可以提高精度，但需要注意就单

纯的 MemN 来说，其本身并不是循环神经网络。

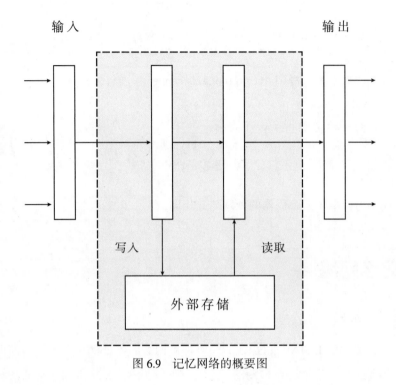

图 6.9 记忆网络的概要图

6.4.2 应用于问答系统

6.4.2.1 bAbi 任务

在确定 MemN 的表达式之前，我们先通过 bAbi 任务 ▶12 来了解一下 MemN 可以应用于什么样的问题。bAbi 任务是由 Facebook 人工智能研究院（Facebook AI Research，FAIR）发布的数据集，汇总了以问答为核心的文本形式的数据。在训练加法计算时我们的任务是下面这样的一问一答，

```
Q. 123+456
A. 579
```

而 bAbi 中的任务却像下面这样，在阅读由一些句子组成的故事之后，再对相关提问进行回答。

▶12 http://fb.ai/babi

```
Mary moved to the bathroom.
John went to the hallway.
Q. Where is Mary?
A. bathroom
```

上面的例子是其中最简单的任务了，数据集中还有像下面这样的长文章的阅读任务▶13。

```
Sandra travelled to the office.
Sandra went to the bathroom.
Mary went to the bedroom.
Daniel moved to the hallway.
John went to the garden.
John travelled to the office.
Daniel journeyed to the bedroom.
Daniel travelled to the hallway.
John went to the bedroom.
John travelled to the office.
Q. Where is Daniel?
A. hallway
```

6

当然，基于故事的问题也是时间序列数据，使用一般的 LSTM 也可以完成训练。只是故事越长，训练就越困难。而如果使用 MemN，即使故事变长也可以高效地进行训练。

6.4.2.2 模型化

如何对 bAbi 任务进行 MemN 的模型化呢？让我们以文献 [8] 提出的模型为基础考虑此问题。模型的概要如图 6.10 所示。虽然此图与图 6.9 看起来不同，但二者在把故事信息记录到外部存储，并对照问题和记录的信息进行输出（回答）这一点上采用了相同的结构。不过这里的模型有一个特点，那就是将故事分别存储在了用于输入和用于输出的两个外部存储中。

▶13 这里考察的都是基于叙述的事实进行回答的任务，而除了这种任务之外，bAbi 还提供了数数问题、推论问题等 20 种任务。本书只涉及其中的任务 1。

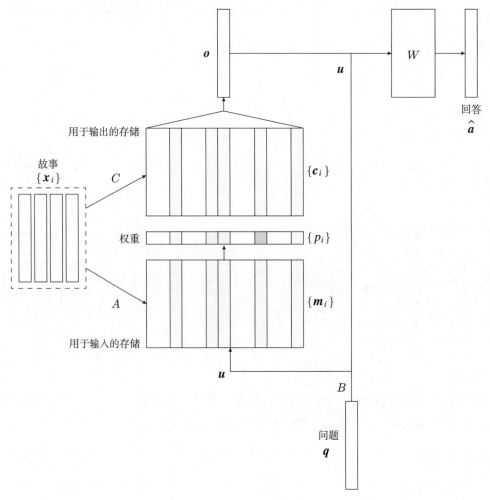

图 6.10　MemN [8] 的概要图

　　下面来详细地看一下这个模型。首先是将故事保存在两个外部存储的部分，它们都使用了名为**词嵌入**（word embedding）的算法。该算法会将作为记号简单处理过（即经过独热编码）的单词向量映射到考虑了单词含义的向量上。独热编码后，相邻的向量间值为 1 的两个元素体现不出任何关联，但是将各元素映射到允许值为 0 和 1 之外的浮点数的向量后，就能达到为含义相近的单词取相似的值的效果。应用了词嵌入的知名工具有 **word2vec**[14]，使用它就可以像 vector(' 巴黎 ') - vector(' 法国 ') + vector(' 日本 ') = vector(' 东京 ') 这样进行单词向量间的计算。最简单的词嵌入算法是将经过独热编码的向量与权重矩阵相乘，

[14]　https://code.google.com/archive/p/word2vec/

也就是将其作为神经网络的层来表示，然后通过训练对这个权重进行最优化。在这次的模型中，我们使用词嵌入算法的权重矩阵 A 和 C 将故事 x_i 分别传到用于输入的存储 m_i 和用于输出的存储 c_i 中。然后通过训练对将故事保存为记忆的方法进行最优化。

既然对故事部分应用了词嵌入，那么对输入的问题 q 也同样需要应用词嵌入。设这里使用的权重矩阵为 B，传播后的向量为 u。将这个 u 与用于输入的外部存储 $\{m_i\}$ 相乘，即可取出相应的记忆。每个记忆的匹配度都可以用 $u^T m_i$ 求出，所以像下面这样求出 p_i，

$$p_i := \text{softmax}\left(u^T m_i\right) \tag{6.25}$$

就可以用概率来表示匹配度了。再进一步将 p_i 与用于输出的外部存储 $\{c_i\}$ 相乘，就可以从记忆中得到输出 o。其表达式如下所示。

$$o := \sum_i p_i c_i \tag{6.26}$$

这里得到的 o 还是用嵌入形式表达的向量，所以为了获得最终的回答文本的形式，需要使用以下表达式求出预测的回答 $\hat{a}$。

$$\hat{a} = \text{softmax}(W(o + u)) \tag{6.27}$$

以上就是模型整体的流程。该模型中的表达式都可以微分，又因为式 (6.27) 是 softmax 函数，所以和前面讲过的一样，可以通过交叉熵误差函数来使用随机梯度下降法。

6.4.3 实现

下面我们来思考图 6.10 所表示的模型的实现。使用 Keras 实现的示例代码在 GitHub 上已公开 [15]，所以我们在这个代码的基础上，看一下数据的预处理以及使用 TensorFlow 库的实现方法。

6.4.3.1 数据的准备

bAbi 的数据公布在 https://s3.amazonaws.com/text-datasets/babi_tasks_1-20_v1-2.tar.gz 上，我们先从这里下载数据 [16], [17]。文件的格式是 tar，在下面的代码中指定下载文件所在的目录，获取文件对象。

---

[15] https://github.com/fchollet/keras/blob/master/examples/babi_memnn.py

[16] 也可以从 http://www.thespermwhale.com/jaseweston/babi/tasks_1-20_v1-2.tar.gz 下载。

[17] 使用 `utils.data` 中的 `get_file()` 函数能够自动下载文件，这里省略有关实现的详细内容。Keras 在 `from keras.utils.data_utils import get_file` 中提供了同样的 API。

```
import tarfile

tar = tarfile.open(path)
```

本次使用的任务 1 的训练数据和测试数据包含在以下文件中，

- tasks_1-20_v1-2/en-10k/qa1_single-supporting-fact_train.txt
- tasks_1-20_v1-2/en-10k/qa1_single-supporting-fact_test.txt

所以使用以下代码来简化实现。

```
challenge = 'tasks_1-20_v1-2/en-10k/qa1_single-supporting-fact_{}.txt'
train_stories = get_stories(tar.extractfile(challenge.format('train')))
test_stories = get_stories(tar.extractfile(challenge.format('test')))
```

这里定义的 get_stories() 是将各任务转化为故事、问题或回答形式的函数。文件内容原本的形式是像下面这样，在一系列的故事中随机插入问题。

```
[b'1 Mary moved to the bathroom.\n',
b'2 John went to the hallway.\n',
b'3 Where is Mary? \tbathroom\t1\n',
b'4 Daniel went back to the hallway.\n',
b'5 Sandra moved to the garden.\n',
b'6 Where is Daniel? \thallway\t4\n', ...]
```

通过 get_stories()，我们将其整理为 1 个问题对应 1 个故事的形式。与此同时，如同我们在加法的训练时将问题分解为一个个文字的做法，这里将文章分解为单词的形式并进行保存。

```
[(['Mary', 'moved', 'to', 'the', 'bathroom', '.',
'John', 'went', 'to', 'the', 'hallway', '.'],
['Where', 'is', 'Mary', '?'], 'bathroom'),
(['Mary', 'moved', 'to', 'the', 'bathroom', '.',
'John', 'went', 'to', 'the', 'hallway', '.',
'Daniel', 'went', 'back', 'to', 'the', 'hallway', '.',
'Sandra', 'moved', 'to', 'the', 'garden', '.'],
['Where', 'is', 'Daniel', '?'], 'hallway')]
```

这里得到的数据内部依然是字符串，因此需要把它替换为数值。而且还必须像加法训练时那样，对它们进行填充处理，所以我们先求出单词数以及故事和问题文章的最大长度。

```
vocab = set()
for story, q, answer in train_stories + test_stories:
    vocab |= set(story + q + [answer])
vocab = sorted(vocab)
vocab_size = len(vocab) + 1 # 用于填充 +1

story_maxlen = \
    max(map(len, (x for x, _, _ in train_stories + test_stories)))
question_maxlen = \
    max(map(len, (x for _, x, _ in train_stories + test_stories)))
```

使用上面这段代码定义函数，

```
def vectorize_stories(data, word_indices, story_maxlen, question_maxlen):
    X = []
    Q = []
    A = []
    for story, question, answer in data:
        x = [word_indices[w] for w in story]
        q = [word_indices[w] for w in question]
        a = np.zeros(len(word_indices) + 1) # 用于填充 +1
        a[word_indices[answer]] = 1
        X.append(x)
        Q.append(q)
        A.append(a)

    return (padding(X, maxlen=story_maxlen),
            padding(Q, maxlen=question_maxlen), np.array(A))
```

然后通过以下代码即可得到数值化后的单词向量。

```
word_indices = dict((c, i + 1) for i, c in enumerate(vocab))
inputs_train, questions_train, answers_train = \
    vectorize_stories(train_stories, word_indices,
                      story_maxlen, question_maxlen)

inputs_test, questions_test, answers_test = \
    vectorize_stories(test_stories, word_indices,
                      story_maxlen, question_maxlen)
```

需要注意的是这次没有使用 1-of-K 形式来表示故事的数据，而是直接将单词的索引用作元素了。

6.4.3.2　使用 TensorFlow 的实现

模型的实现与之前一样，由 inference()、loss()、training() 这 3 个函数构成。我们从 inference() 开始看起。首先定义用于嵌入的权重矩阵。

```
def inference(vocab_size, embedding_dim, question_maxlen):
    # ...
    A = weight_variable([vocab_size, embedding_dim])
    B = weight_variable([vocab_size, embedding_dim])
    C = weight_variable([vocab_size, question_maxlen])
```

实际在做嵌入处理时，由于 TensorFlow 提供了 tf.nn.embedding_lookup()，所以我们可以像下面这样用这个 API 对故事和问题进行嵌入。

```
def inference(x, q, vocab_size, embedding_dim, question_maxlen):
    #...
    m = tf.nn.embedding_lookup(A, x)
    u = tf.nn.embedding_lookup(B, q)
    c = tf.nn.embedding_lookup(C, x)
```

接下来是式 (6.25) 所表示的 p_i 的实现，由于这里的问题 q 是单词序列（时间序列），所以用 tf.einsum() 来代替 tf.matmul()。

```
p = tf.nn.softmax(tf.einsum('ijk,ilk->ijl', m, u))
```

由于这个修改，式 (6.26) 中的 o，以及式 (6.27) 中 $o + u$ 部分的实现也会与表达式略微不同，其代码如下所示。

```
o = tf.add(p, c)
o = tf.transpose(o, perm=[0, 2, 1])
ou = tf.concat([o, u], axis=-1)
```

接下来，文献 [8] 的做法是按照式 (6.27) 定义权重矩阵 W，然后通过普通的前馈神经网络进行训练，而同样进行了 bAbi 任务实验的文献 [6] 却通过 LSTM 进行训练，提高了训练的精度。因此，我们这次在输出部分也使用 LSTM。输出部分的流程图如图 6.11 所示。实现的代码如下所示。

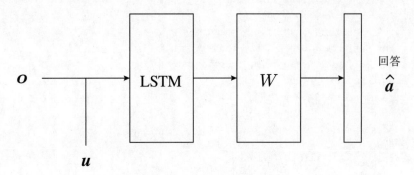

图 6.11　输出部分的概要图

```
cell = tf.contrib.rnn.BasicLSTMCell(embedding_dim//2, forget_bias=1.0)
initial_state = cell.zero_state(n_batch, tf.float32)
state = initial_state
outputs = []
with tf.variable_scope('LSTM'):
    for t in range(question_maxlen):
        if t > 0:
            tf.get_variable_scope().reuse_variables()
        (cell_output, state) = cell(ou[:, t, :], state)
        outputs.append(cell_output)
output = outputs[-1]
W = weight_variable([embedding_dim//2, vocab_size], stddev=0.01)
a = tf.nn.softmax(tf.matmul(output, W))
```

将以上代码汇总起来，最终可如下实现 inference()。

```
def inference(x, q, n_batch,
              vocab_size=None,
              embedding_dim=None,
              story_maxlen=None,
              question_maxlen=None):
    def weight_variable(shape, stddev=0.08):
        initial = tf.truncated_normal(shape, stddev=stddev)
```

```
        return tf.Variable(initial)

    def bias_variable(shape):
        initial = tf.zeros(shape, dtype=tf.float32)
        return tf.Variable(initial)


    A = weight_variable([vocab_size, embedding_dim])
    B = weight_variable([vocab_size, embedding_dim])
    C = weight_variable([vocab_size, question_maxlen])
    m = tf.nn.embedding_lookup(A, x)
    u = tf.nn.embedding_lookup(B, q)
    c = tf.nn.embedding_lookup(C, x)
    p = tf.nn.softmax(tf.einsum('ijk,ilk->ijl', m, u))
    o = tf.add(p, c)
    o = tf.transpose(o, perm=[0, 2, 1])
    ou = tf.concat([o, u], axis=-1)

    cell = tf.contrib.rnn.BasicLSTMCell(embedding_dim//2, forget_bias=1.0)
    initial_state = cell.zero_state(n_batch, tf.float32)
    state = initial_state
    outputs = []
    with tf.variable_scope('LSTM'):
        for t in range(question_maxlen):
            if t > 0:
                tf.get_variable_scope().reuse_variables()
            (cell_output, state) = cell(ou[:, t, :], state)
            outputs.append(cell_output)
    output = outputs[-1]
    W = weight_variable([embedding_dim//2, vocab_size], stddev=0.01)
    a = tf.nn.softmax(tf.matmul(output, W))

    return a
```

然后，loss()、training() 以及 accuracy() 的代码采用普通神经网络的实现方法即可。

```
def loss(y, t):
    cross_entropy = \
        tf.reduce_mean(-tf.reduce_sum(
                    t * tf.log(tf.clip_by_value(y, 1e-10, 1.0)),
                    reduction_indices=[1]))
    return cross_entropy



def training(loss):
```

```
    optimizer = \
        tf.train.AdamOptimizer(learning_rate=0.001, beta1=0.9, beta2=0.999)
    train_step = optimizer.minimize(loss)
    return train_step


def accuracy(y, t):
    correct_prediction = tf.equal(tf.argmax(y, 1), tf.argmax(t, 1))
    accuracy = tf.reduce_mean(tf.cast(correct_prediction, tf.float32))
    return accuracy
```

这样就完成了 MemN 代码的实现。我们采取与之前相同的方式，用下面的小批量数据进行训练。训练数据和测试（验证）数据分别有 10 000 个和 1000 个。

```
for epoch in range(epochs):
    inputs_train_, questions_train_, answers_train_ = \
        shuffle(inputs_train, questions_train, answers_train)

    for i in range(n_batches):
        start = i * batch_size
        end = start + batch_size

        sess.run(train_step, feed_dict={
            x: inputs_train_[start:end],
            q: questions_train_[start:end],
            a: answers_train_[start:end],
            n_batch: batch_size
        })

    # 使用测试数据进行评估
    val_loss = loss.eval(session=sess, feed_dict={
        x: inputs_test,
        q: questions_test,
        a: answers_test,
        n_batch: len(inputs_test)
    })
    val_acc = acc.eval(session=sess, feed_dict={
        x: inputs_test,
        q: questions_test,
        a: answers_test,
        n_batch: len(inputs_test)
    })
```

6

执行上面的代码，得到的结果如图 6.12 所示，可以看出训练的效果不错。大家在实际的环境中运行时，请注意看一下训练时间，会发现每次迭代的训练时间都非常短暂。

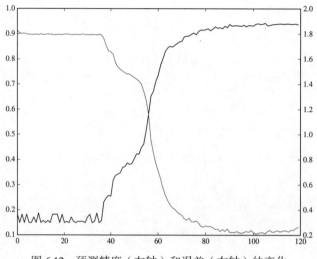

图 6.12　预测精度（左轴）和误差（右轴）的变化

6.5　小结

在本章中，我们学习了循环神经网络的应用方法。**LSTM** 和 **GRU** 是通过修改神经元的结构来训练时间依赖性的方法，而本章学习的 **BiRNN**、**RNN 编码器 – 解码器**和**注意力**都是修改网络本身结构的方法，它们能够在输入 / 输出都是序列的场景中进行更有效地训练。不过，这些方法在训练过程中将信息保存在网络或单元内部，所以它们在训练长期依赖信息时会出现计算量过大的问题。为了解决这个问题，**MemN** 构建了在外部保存信息的结构，缩短了训练时间。

通过本书，我们学习了简单感知机、多层感知机、深度神经网络、循环神经网络等多种方法。虽然数据的种类不同，处理时要考虑的问题就会不同，但是只要根据出现的问题对网络施以变化，训练就能取得进展。正如前面我们所看到的那样，深度学习是技术的累积，其根基就是"如何用数学表达式及算法来表现人脑"。全世界都在积极进行深度学习的研究，基本上每天都有新的方法诞生，但只要理解了本书讲解的基础理论，相信今后无论出现什么方法，大家都能够迅速理解进而熟练使用。当然各位读者也可以亲自去发明新的模型。

参考文献

[1] K. Cho, B. Merrienboer, C. Gulcehre, et al. Learning phrase representations using rnn encoder-decoder for statistical machine translation [J]. Proceedings of the Empiricial Methods in Natural Language Processing (EMNLP 2014), 2014.

[2] I. Sutskever, O. Vinyals, Q. V. Le. Sequence to sequence learning with neural networks [J]. Advances in Neural Information Processing Systems (NIPS 2014), 2014.

[3] W. Zaremba, I. Sutskever. Learning to execute [D]. arXiv preprint, arXiv:1410.4615, 2014.

[4] D. Bahdanau, K. Cho, Y. Bengio. Neural machine translation by jointly learning to align and translate [J]. ICLR, 2015.

[5] J. Cheng, L. Dong, M. Lapata. Long short-term memory-networks for machine reading [D]. arXiv:1601.06733, 2016.

[6] J. Weston, S. Chopra, A. Bordes. Memory networks [J]. CoRR, abs/1410.3916, 2014.

[7] A. Graves, G. Wayne, I. Danihelka. Neural turing machines [D]. arXiv preprint arXiv:1410.5401, 2014.

[8] S. Sukhbaatar, A. Szlam, J. Weston, at al. End-to-end memory networks. Proceedings of NIPS, 2015.

6

附录

A.1　模型的保存和读取

　　大部分深度学习模型的训练都非常耗时。如果使用的是大规模的数据集，那么耗费几天甚至更久的时间来训练模型的情况也不少见。如果使用的是同一个训练数据集，那么从训练结果中得到的权重等参数的值（如果随机数相同）应该是相同的。所以对于已经训练过的模型，应该保存好其参数的值，验证新的未知数据时，也应该尽量避免训练模型的阶段。这就意味着在进行深度学习时，我们需要考虑"保存"和"读取"模型的处理。

　　有了 TensorFlow 和 Keras 就可以轻松完成模型的保存和读取。下面我们就来了解一下具体该怎么做。

A.1.1　使用 TensorFlow 时的处理

　　我们来看一个简单的例子，保存已完成训练的（二分类）逻辑回归的或门的模型，然后用这个模型来验证可否不经过新的训练就进行分类。训练后的模型以文件的形式保存，所以首先要定义保存文件的目录。

```
import os

MODEL_DIR = os.path.join(os.path.dirname(__file__), 'model')

if os.path.exists(MODEL_DIR) is False:
    os.mkdir(MODEL_DIR)
```

这段代码生成用于保存文件的名为 model 的目录。然后如下定义或门的数据。

```
X = np.array([[0, 0], [0, 1], [1, 0], [1, 1]])
Y = np.array([[0], [1], [1], [1]])
```

定义模型的代码可以如下简单地编写。

```
w = tf.Variable(tf.zeros([2, 1]))
b = tf.Variable(tf.zeros([1]))

x = tf.placeholder(tf.float32, shape=[None, 2])
t = tf.placeholder(tf.float32, shape=[None, 1])
y = tf.nn.sigmoid(tf.matmul(x, w) + b)

cross_entropy = - tf.reduce_sum(t * tf.log(y) + (1 - t) * tf.log(1 - y))

train_step = tf.train.GradientDescentOptimizer(0.1).minimize(cross_entropy)

correct_prediction = tf.equal(tf.to_float(tf.greater(y, 0.5)), t)
accuracy = tf.reduce_mean(tf.cast(correct_prediction, tf.float32))
```

不过，我们需要在考虑保存和读取模型时能找到这些参数，所以需要给这些变量取个名字。这个模型的参数是 w 和 b，所以要像下面这样给它们分别赋予名字。

```
w = tf.Variable(tf.zeros([2, 1]), name='w')
b = tf.Variable(tf.zeros([1]), name='b')
```

只需加上 name= 即可，不需要做任何特殊的处理。

进行模型的保存和读取处理时，需要进行 tf.train.Saver()。具体来说，就是在 session 初始化时编写下列代码。

```
init = tf.global_variables_initializer()
saver = tf.train.Saver() # 用于保存模型
sess = tf.Session()
sess.run(init)
```

这样一来，想在训练之后保存模型时，使用以下代码就可以保存名为 `model.ckpt` 的训练过的模型文件 [1] 了。

```
# 训练
for epoch in range(200):
    sess.run(train_step, feed_dict={
        x: X,
        t: Y
    })

# 保存模型
model_path = saver.save(sess, MODEL_DIR + '/model.ckpt')
print('Model saved to:', model_path)
```

如果需要读取训练过的模型用于实验，务必保证模型的定义（变量名）一致。

```
w = tf.Variable(tf.zeros([2, 1]), name='w')
b = tf.Variable(tf.zeros([1]), name='b')
```

虽然在读取模型时仍然需要执行 `tf.train.Saver()`，不过请注意，使用训练过的模型时不需要进行变量的初始化。也就是说无须执行 `tf.global_variables_initializer()`。

```
# init = tf.global_variables_initializer() # 不需要初始化
saver = tf.train.Saver() # 用于读取模型
sess = tf.Session()
# sess.run(init)
```

作为替代，我们要通过已保存的模型文件来设置变量的值。用于读取模型的是 `saver.restore()`。

```
saver.restore(sess, MODEL_DIR + '/model.ckpt')
```

这样参数 w 和 b 就应该是训练过的值了，所以不再对它们进行新的训练，直接查看预测精度。

```
acc = accuracy.eval(session=sess, feed_dict={
    x: X,
```

---

[1] 扩展名 `.ckpt` 是 checkpoint（检查点）的缩写。

```
    t: Y
})
print('accuracy:', acc)
```

执行结果如下所示，

```
accuracy: 1.0
```

这说明正确地读取了模型。以上就是模型保存和读取的流程，下面总结一下。

保存

1. 为模型的变量命名
2. 执行 tf.train.Saver()
3. 使用 saver.save() 保存模型

读取

1. 用保存时的名字为变量命名
2. 执行 tf.train.Saver()
3. 使用 saver.restore() 读取模型

无论模型多么复杂，处理的流程都是一样的。例如使用 ReLU + dropout 的组合构造深度神经网络时，name= 的设置如下所示。

```
def inference(x, keep_prob, n_in, n_hiddens, n_out):
    def weight_variable(shape, name=None):
        initial = np.sqrt(2.0 / shape[0]) * tf.truncated_normal(shape)
        return tf.Variable(initial, name=name)

    def bias_variable(shape, name=None):
        initial = tf.zeros(shape)
        return tf.Variable(initial, name=name)

    # 输入层 – 隐藏层、隐藏层 – 隐藏层
    for i, n_hidden in enumerate(n_hiddens):
        if i == 0:
            input = x
```

```
            input_dim = n_in
        else:
            input = output
            input_dim = n_hiddens[i-1]

        W = weight_variable([input_dim, n_hidden],
                            name='W_{}'.format(i))
        b = bias_variable([n_hidden],
                          name='b_{}'.format(i))

        h = tf.nn.relu(tf.matmul(input, W) + b)
        output = tf.nn.dropout(h, keep_prob)

    # 隐藏层 - 输出层
    W_out = weight_variable([n_hiddens[-1], n_out], name='W_out')
    b_out = bias_variable([n_out], name='b_out')
    y = tf.nn.softmax(tf.matmul(output, W_out) + b_out)
    return y
```

另外，刚才的例子是在训练全部结束时才保存模型的，但有时候，比如在实际的环境运行时会需要中断训练。这时每做一次迭代就保存一次模型会非常方便。

```
for epoch in range(epochs):
    # 训练的代码
    # ...

    model_path = \
        saver.save(sess, MODEL_DIR + '/model_{}.ckpt'.format(epoch))
    print('Model saved to:', model_path)
```

例如在 epoch=10 时中断了训练，那么就可以像下面的代码这样从中断的地方恢复训练。

```
saver.restore(sess, MODEL_DIR + '/model_10.ckpt')

for epoch in range(11, epochs):
    # 训练的代码
    # ...
```

A.1.2 使用 Keras 时的处理

使用 TensorFlow 保存模型时需要额外定义 saver = tf.train.Saver()，而使用 Keras 保存模型时只需调用 model.save() 即可。首先和以往一样设置模型并进行训练。

```
model = Sequential([
    Dense(1, input_dim=2),
    Activation('sigmoid')
])

model.compile(loss='binary_crossentropy', optimizer=SGD(lr=0.1))

model.fit(X, Y, epochs=200, batch_size=1)
```

然后执行以下代码，将训练好的模型以 **HDF5**（Hierachinal Data Format 5）的文件形式保存。

```
model.save(MODEL_DIR + '/model.hdf5')
```

读取该模型的代码如下所示。

```
from keras.models import load_model

model = load_model(MODEL_DIR + '/model.hdf5')
```

使用 TensorFlow 时需要保持保存和读取的变量名一致，而 Keras 会直接保存和读取模型，所以无须考虑变量名。

另外，使用 Keras 保存每次迭代后的模型的代码如下所示。

```
for epoch in range(epochs):
    model.fit(X, Y, epochs=1)
    model.save('model_{}.hdf5'.format(epoch))
```

虽然这么写没有问题，但是有更方便的方法，比如使用回调函数 keras.callback.ModelCheckpoint()。这种情况的实现与早停法的实现相同，要在回调函数中进行模型的保存。

首先进行如下定义，

```
from keras.callbacks import ModelCheckpoint

checkpoint = ModelCheckpoint(
    filepath=os.path.join(
        MODEL_DIR,
        'model_{epoch:02d}.hdf5'),
    save_best_only=True)
```

然后像下面一样指定 callback=[checkpoint]，这样每次迭代后模型都会被保存。

```
model.fit(X_train, Y_train, epochs=epochs,
          batch_size=batch_size,
          validation_data=(X_validation, Y_validation),
          callbacks=[checkpoint])
```

另外，保存的文件名中可以包含误差值等信息，比如像下面这样事先指定好 _vloss{val_loss:.2f}，文件名就会变成 model_00_vloss0.56.hdf5 的形式。

```
checkpoint = ModelCheckpoint(
    filepath=os.path.join(
        MODEL_DIR,
        'model_{epoch:02d}_vloss{val_loss:.2f}.hdf5'),
    save_best_only=True)
```

A.2　TensorBoard

　　TensorFlow 提供了可以在浏览器上查看模型结构以及训练的进度和结果的功能——**TensorBoard**。图 A.1 就是一个使用 TensorBoard 进行模型可视化的例子。要想让既有代码支持 TensorBoard，需要做一些修改，不过这并非难事，非常简单。有了可视化功能后我们就能更轻松地把握模型，所以下面就来看一看应该如何修改代码。

　　首先以最简单的（二分类）逻辑回归的模型为例。模型设置部分的代码如下页所示。

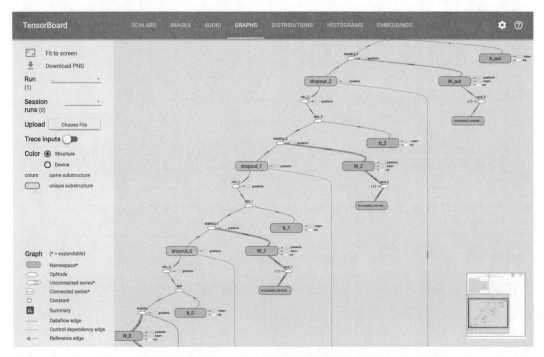

图 A.1　使用 TensorBoard 进行模型可视化的例子

```
w = tf.Variable(tf.zeros([2, 1]))
b = tf.Variable(tf.zeros([1]))

x = tf.placeholder(tf.float32, shape=[None, 2])
t = tf.placeholder(tf.float32, shape=[None, 1])
y = tf.nn.sigmoid(tf.matmul(x, w) + b)

cross_entropy = - tf.reduce_sum(t * tf.log(y) + (1 - t) * tf.log(1 - y))
train_step = tf.train.GradientDescentOptimizer(0.1).minimize(cross_entropy)

correct_prediction = tf.equal(tf.to_float(tf.greater(y, 0.5)), t)
accuracy = tf.reduce_mean(tf.cast(correct_prediction, tf.float32))
```

TensorFlow 的流程是设置模型之后初始化会话，然后进行训练。其中初始化处理的代码如下所示。

```
init = tf.global_variables_initializer()
sess = tf.Session()
sess.run(init)
```

但为了让现有的代码支持 TensorBoard，需要做出如下修改。

```
init = tf.global_variables_initializer()
sess = tf.Session()
tf.summary.FileWriter(LOG_DIR, sess.graph) # 支持 TensorBoard
sess.run(init)
```

增加的只有 tf.summary.FileWriter() 的部分。只要在 sess.run(init) 之前增加这 1 行，即可支持 TensorBoard。只是，这里用到的 LOG_DIR 是保存日志文件的目录的路径，需要事先定义。因为运行 tf.summary.FileWriter() 就会在 LOG_DIR 里生成日志文件，而 TensorBoard 是通过读取这里的日志文件，将信息展示在浏览器上的。像下面这样，在文件的头部加上它的定义就可以了。

```
import os

LOG_DIR = os.path.join(os.path.dirname(__file__), 'log')

if os.path.exists(LOG_DIR) is False:
    os.mkdir(LOG_DIR)
```

程序执行完毕后，试着启动 TensorBoard。在命令行输入以下 tensorboard 命令。

```
$ tensorboard --logdir=/path/to/log
```

需要使用 --logdir= 选项指定相当于程序内 LOG_DIR 的路径 [2]。如果启动成功，TensorBoard 会在 6006 端口监听。在浏览器中访问 localhost:6006，就会显示 TensorBoard 的界面。在头部菜单中选择 GRAPHS，会出现图 A.2 所示的模型构成图。虽然可以可视化了，但许多元素都排列在一起，还远远达不到易于理解的程度。另外，代表各 tf.Variable() 的 Variable、Variable_1 的可读性也很差，很难和代码中的变量对上号。为了让图形更容易理解，我们需要再对代码稍作修改。

首先为变量命名，这一点在定义各个变量时为其指定 name= 即可实现。

▶2 如果之前的日志有残留，在程序执行时可能会导致 TensorBoard 在浏览器上显示的数据不正确，所以需要事先删除无关的日志。

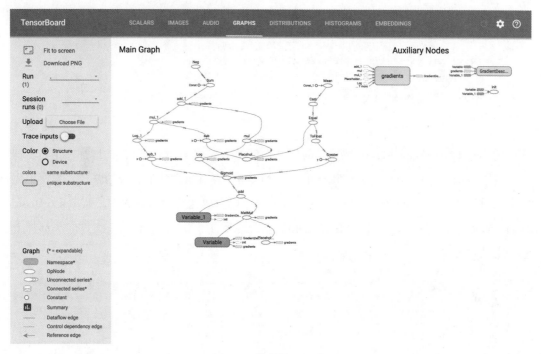

图 A.2　简单的可视化

```python
w = tf.Variable(tf.zeros([2, 1]), name='w')
b = tf.Variable(tf.zeros([1]), name='b')

x = tf.placeholder(tf.float32, shape=[None, 2], name='x')
t = tf.placeholder(tf.float32, shape=[None, 1], name='t')
y = tf.nn.sigmoid(tf.matmul(x, w) + b, name='y')
```

另外，可以通过 tf.name_scope() 将模型的误差或精度等需要（多个）计算处理的值在一个图中进行可视化。具体做法如下所示。

```python
with tf.name_scope('loss'):
    cross_entropy = \
        - tf.reduce_sum(t * tf.log(y) + (1 - t) * tf.log(1 - y))

with tf.name_scope('train'):
    train_step = \
        tf.train.GradientDescentOptimizer(0.1).minimize(cross_entropy)
```

```
with tf.name_scope('accuracy'):
    correct_prediction = tf.equal(tf.to_float(tf.greater(y, 0.5)), t)
    accuracy = tf.reduce_mean(tf.cast(correct_prediction, tf.float32))
```

结果如图 A.3 所示，图形的可读性就更强了。点击此处设置的 loss 或 train 等，可以查看其内部的处理。

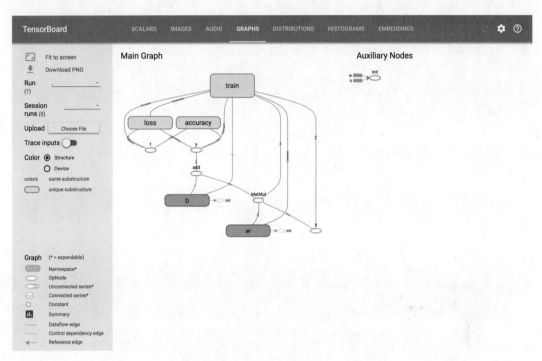

图 A.3　整理了变量名和处理名后的可视化

此外，TensorBoard 还能够对误差的变化，也就是学习的过程进行可视化。这时要像下面的例子一样，使用 tf.summary.scalar()。

```
with tf.name_scope('loss'):
    cross_entropy = \
        - tf.reduce_sum(t * tf.log(y) + (1 - t) * tf.log(1 - y))
tf.summary.scalar('cross_entropy', cross_entropy) # 注册到 TensorBoard
```

在会话初始化时执行 tf.summary.merge_all()，就可以用 summaries 来处理事先定义的所有变量。

```
init = tf.global_variables_initializer()
sess = tf.Session()

file_writer = tf.summary.FileWriter(LOG_DIR, sess.graph)
summaries = tf.summary.merge_all() # 整合已注册的变量

sess.run(init)
```

这里使用简单的或门作为训练数据。

```
X = np.array([[0, 0], [0, 1], [1, 0], [1, 1]])
Y = np.array([[0], [1], [1], [1]])
```

在对模型进行训练的同时将误差也记录到 TensorBoard 的代码如下所示。

```
for epoch in range(200):
    sess.run(train_step, feed_dict={
        x: X,
        t: Y
    })

    summary, loss = sess.run([summaries, cross_entropy], feed_dict={
        x: X,
        t: Y
    })
    file_writer.add_summary(summary, epoch) # 记录到 TensorBoard
```

将 loss = cross_entropy.eval() 替换为 summary, loss = sess.run([summaries, cross_entropy], ...)，就可以把 summary 记录到 TensorBoard 中。下面在浏览器上查看一下结果。在头部菜单选择 SCALARS，就会显示如图 A.4 所示的误差的变化。

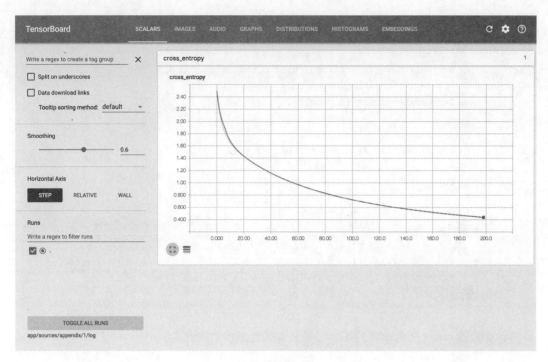

图 A.4 误差变化情况的可视化

即使模型变得再复杂，处理的方法也是不变的。比如前面的图 A.1 就是对有 3 个隐藏层的模型进行的可视化，这可以通过如下定义 inference() 来实现。

```python
def inference(x, keep_prob, n_in, n_hiddens, n_out):
    def weight_variable(shape, name=None):
        initial = np.sqrt(2.0 / shape[0]) * tf.truncated_normal(shape)
        return tf.Variable(initial, name=name)

    def bias_variable(shape, name=None):
        initial = tf.zeros(shape)
        return tf.Variable(initial, name=name)

    with tf.name_scope('inference'):
        # 输入层 – 隐藏层、隐藏层 – 隐藏层
        for i, n_hidden in enumerate(n_hiddens):
            if i == 0:
                input = x
                input_dim = n_in
            else:
```

```
            input = output
            input_dim = n_hiddens[i-1]

        W = weight_variable([input_dim, n_hidden],
                            name='W_{}'.format(i))
        b = bias_variable([n_hidden],
                          name='b_{}'.format(i))

        h = tf.nn.relu(tf.matmul(input, W) + b,
                       name='relu_{}'.format(i))
        output = tf.nn.dropout(h, keep_prob,
                               name='dropout_{}'.format(i))

    # 隐藏层 - 输出层
    W_out = weight_variable([n_hiddens[-1], n_out], name='W_out')
    b_out = bias_variable([n_out], name='b_out')
    y = tf.nn.softmax(tf.matmul(output, W_out) + b_out, name='y')
    return y
```

虽然各变量的 name= 变为动态的了，但是必要的处理没有变化 ▶3。

A.3 tf.contrib.learn

　　即使是实现同样的模型，使用 TensorFlow 和使用 Keras 时的写法也大不相同。使用 TensorFlow 时一般需要按照表达式进行编写，而使用 Keras 时设置别名即可编写。不过，TensorFlow 中的 tf.contrib.learn 提供了一种 API，能以近似 Keras 的方式编写模型。虽然和基于数学表达式的编写方式相比，这种写法在有些方法上失去了灵活性，但是对于普通的神经网络来说已经非常实用。下面我们使用 MNIST 的数据来看一下简单的实现示例。

　　使用 tf.contrib.learn 时，不需要 1-of-K 形式的写法。所以除去数据的正则化部分后，设置训练数据和测试数据的代码如下所示。

```
X = mnist.data.astype(np.float32)
y = mnist.target.astype(int)

X_train, X_test, y_train, y_test = \
    train_test_split(X, y, train_size=N_train)
```

▶3　整体的代码可以从本书随书下载的代码包中的 appendix/2/01_tensorboard_adam.py 获取。

与之相对应的设置模型的代码如下所示。

```
n_in = 784
n_hiddens = [200, 200, 200]
n_out = 10

feature_columns = \
    [tf.contrib.layers.real_valued_column('', dimension=n_in)]

model = \
    tf.contrib.learn.DNNClassifier(
        feature_columns=feature_columns,
        hidden_units=n_hiddens,
        n_classes=n_out)
```

接下来是训练模型的代码。

```
model.fit(x=X_train,
          y=y_train,
          steps=300,
          batch_size=250)
```

只需编写 model.fit() 即可进行训练，写法已经和 Keras 非常接近了。另外，评估预测精度的代码如下所示，

```
accuracy = model.evaluate(x=X_test,
                          y=y_test)['accuracy']
print('accuracy:', accuracy)
```

可以看出，这种写法比起基于数学表达式的写法更简单。不过，tf.contrib.learn 的写法很容易受 TensorFlow 版本升级的影响而发生巨大变化，而且它没有基于数学表达式的写法灵活，所以建议大家只将它用在一些简单的实验上。

站在巨人的肩上
Standing on Shoulders of Giants

iTuring.cn

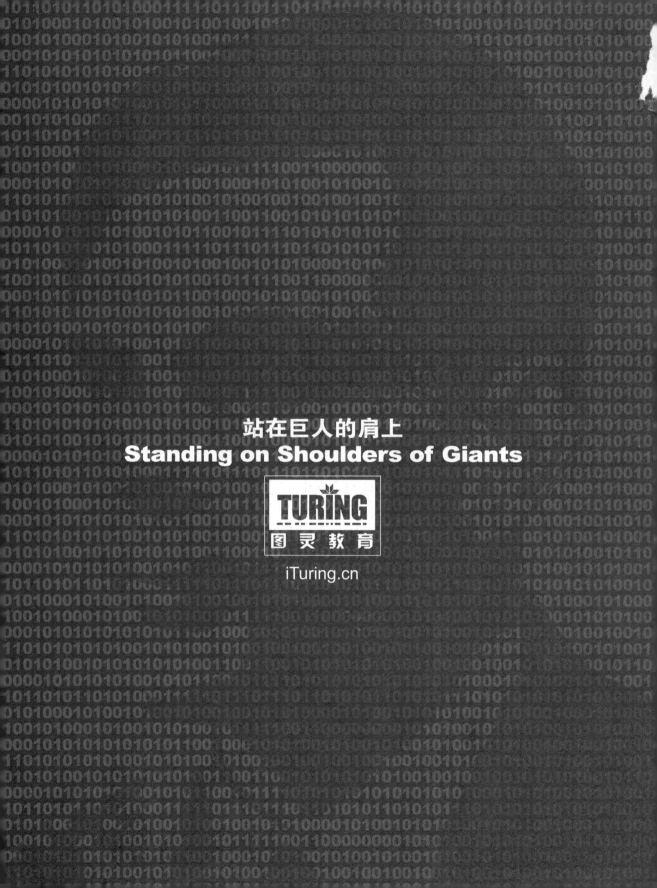

站在巨人的肩上
Standing on Shoulders of Giants

TURING
图灵教育

iTuring.cn